大是文化

投資レジェンドが教える
ヤバい会社

比看財報更精準的選股指標

鑑識 6,500 位社長的基金經理人珍藏筆記，
挑股票、跟老闆，公司有沒有前途？**先看這些領先指標**

三十年資歷，拜訪過六千五百位老闆的基金經理人
藤野英人──著
劉錦秀──譯

目錄

第1章　飆股的經營者都有這些特質……41

第2章 如何辨別不適合投資（與任職）的「壞企業」……103

第3章 快速成長型公司的「長相」

第4章 別找鮭魚，要找雞母——哪種新創企業會成功？……215

・本書並非意圖推薦特定金融商品或勸導投資。最終的投資判斷，請讀者確認最新資訊、並依自身的判斷及責任進行。

・若因利用本書導致任何損失，作者、所屬團體及出版社皆不負任何責任。

推薦序一

不想直接告訴你的，才是關鍵資訊

《Smart 智富》月刊「財報診療室」專欄作家／股魚

企業的資訊會有幾種揭露型態，像是財務報表、新聞報導、重大公告、說明會等。一般人在投資時，會以財報數字的判讀技巧作為切入，試圖剖析企業經營的面貌。我經常提醒投資朋友，不要被眼前資料矇騙，要想想看有哪些東西是企業不想讓你知道的？

以財務報表來講，主要分成資產負債表、損益表、現金流量表，最外顯的以損益表為主，一個企業是否賺錢，從該報表內可以取得相關資訊（營收、淨利、每股盈餘），另外兩種報表則相對黯淡。但問題總是藏在不醒目的地方，要看出是否有作帳的危機，看現金流量表或是庫存欄位會有效許多。

營收發布時間點有玄機

但財務報表終究是一個特定時間內的落後資訊，被美化的可能性相當高，此時一些不經意的訊息發布，更能夠看出企業想傳達的消息。

像是每月營收資料的發布時間點就暗藏玄機。如果是選擇星期一發布，大都是營收成長的好消息；若是在星期五發布，則多是營收衰退與成長不如預期的訊息。這道理很簡單，我們一般以「一週」作為訊息消化的週期，好消息要早點發酵、且時間久一點，那麼星期一就是最佳的時間點，一來也能多刺激股價增長。反之，壞消息在星期五、甚至下午才發布，讓負面消息的衝擊經過週末沉澱後，可以降低影響。

財務長走人，有隱情！

另外，像是公司的財務長忽然無預警離職，或是在財報發布前夕忽然更換會計師（或是從大型會計事務所，換成名不見經傳的小事務所），那麼在財報出來前，就應該立即拋售持股。原因在於，財務長是企業最保守、也是最清楚公司真實經營狀態的人，在很多家族企業內，這個位置都是由自家人來擔任，可見該職務的敏感程度。當該職務無預警走人時，經常是再也難以掩蓋財務的漏洞，不得不盡速離開公司、以求全身而退。

這些很隱諱的東西，都不是財務報表內的數字會明白告訴你的，卻又真實呈現出企業內部真正的企圖。就如同書中所述，這有如透過問診來試圖拼湊真實樣貌的過程，以求在更早之前就發掘出正確的投資方向。

本書作者曾任基金經理人，觀察過無數案例後，彙整各種非財務的徵兆，可作為判讀財務報表數字之外的輔助參考案例。在本書的案例中，有許多與台股企業相吻合之處，像是注重成本的小氣老闆（如台塑〔1301〕王永慶、鴻海〔2317〕郭台銘），也有過度自滿出現敗象、家族超高持股等公司，無一不與作者觀察到的結論相同，雖然不是每個人都能有機會逐一拜訪經營者、貼身觀察，但若是能透過書中所列的各種徵兆找出蛛絲馬跡，必有助於提高判讀投資資訊的能力。

這是一個重視資訊判讀的年代，單一財務數字資料並不足以勾勒出企業營運的真貌，加入非財務的訊息才是有效的做法。就像在讀心術的領域中，重點不是聽對方講什麼，而是用肢體動作看穿對方的心思。如果將財務數字當成是企業在講什麼，那麼非財務訊息便是它的肢體語言。想增進投資績效嗎？那就快來學學怎麼解讀非財務面的資訊吧！

推薦序二

要找值得投資的好公司，光看財報還不夠

「小樂：我的生存之道」臉書專頁版主／小樂

作為一個以價值投資與基本面投資為主的投資者，閱讀並解析公司的財務數據，可說是我投注相當多心力的地方。然而，光依賴研讀財報數據，就想全面的判斷一家公司是否值得投資，恐怕仍具有相當大的挑戰性。因此，投資人除了財報數據的量化分析，更得留心數字以外的質化因素。

美國知名的成長股投資大師菲利浦．費雪（Philip Fisher），提出所謂的「葡萄藤理論」，是指打聽公司消息的觸角，要像葡萄藤的枝幹一樣，往上下左右擴展，以旁敲側擊的方式，獲知公司的營運狀況與產業評價。但就一般投資者而言，這樣的方法存在著一定的難度，畢竟不是每位投資人都有機

會接觸公司管理階層或是相關從業人員。那麼，究竟一般的散戶投資人，要如何獲得公司企業量化數據以外的質化觀察？

本書作者藤野英人即以基金經理人的立場，從拜訪過六千五百多位公司老闆的經驗中，歸納出六十八條法則，作為進一步審視公司體質及投資決策的參考。我在閱讀這些法則時，一開始除了覺得有趣之外，也產生不小的疑惑，因為在我看來，有些原則似乎和判斷一家公司體質的好壞沒什麼關係。但是經由藤野的分析，並輔以相關的統計表格佐證，讓我茅塞頓開。

書中列出的一些負面原則，例如「公司網站沒有老闆的照片，要特別注意」、「櫃臺小姐『太美麗』？」、「反之，過於頻繁揭露資訊的呢？」「明明是大晴天，傘架裡卻都是傘」、「規定要換穿拖鞋的公司，通常不賺錢」、「強制要求員工做體操」等，若是出現這些情況，雖然不見得代表公司的營運狀況一定有問題，卻能作為投資判斷的各種警訊。正如作者所言：「如果某間公司出現了許多壞公司會有的警訊，就判斷『最好別投資』，這樣絕對沒錯。」

中國古語有言：「月暈而風，礎潤而雨。」也就是說，事情將要發生時，總會出現徵兆，就好像月亮周圍出現光環就要颳風，礎石濕潤了就會下雨，這是古人歸納大自然現象的經驗法則。同樣的，我們在評估一家公司的財務數據後，若能參考本書介紹的各項法則、一一檢視，將有很大的機會避開體質不佳的壞公司，並找出具有成長契機、體質優良的好公司。

在此，小樂誠摯推薦大家閱讀這本《比看財報更精準的選股指標》，在讀完本書之後，相信你也會跟我一樣，在辨識公司體質的良窳上，有更深刻的領悟！

推薦序三

找到好公司，就像找到一個好員工幫你賺錢

知名財經部落客／阿斯匹靈

許多投資人常常花很多時間看財務報表，不過當公司遇到外在大環境的變動，像是金融海嘯或是歐債危機，或是產業內競爭對手的打壓，以及產品供過於求時，就會發現公司的財務報表會忽然出現劇烈的變化，一下子由天堂掉到地獄。這時，如果看到財務報表的數字變差，才開始賣股票的話，往往都會有很大的虧損。

另一方面，等到我們發現一間公司的財務報表不錯，股價往往也已經上漲一大段，這個時候再開始買進，就要冒著很大的風險。因此，投資的關鍵只有一個，就是能否在公司營運低迷、且股價偏低時，找到好公司？

當一間公司營運低迷時，其實不容易從財務報表看出值得投資的價值，這時如果想要逢低承接好公司的股票，就要找出這間公司最重要的基本價值，也就是企業文化。

如果一間公司的文化是勤奮踏實，員工也有強大的向心力，那麼無論做什麼產業都會成功、面對任何困境都能一一克服。但是一間公司的文化又是誰造成的？沒錯！就是老闆。如果老闆很勤儉，那麼他身邊的總經理當然也會一樣勤儉，接著影響到協理與一般主管，最後就會連員工也一樣勤儉。換句話說，如果員工節省一元就只是一元，但是經營者節省一元，便會讓所有員工一起節省幾千或幾萬元。可見一間公司的靈魂人物，就是經營者！

當我在指導一般投資人長期投資的時候，我都會提供一個重要的觀念：當你買進一間公司的股票，就等同於請一個人幫你工作，而這個人就是公司的老闆。你如果找到好老闆，無論公司是做什麼的，都沒有關係，因為他一定會帶你上天堂。

舉個例子，金融海嘯時，台積電（2330）也面臨了巨大的考驗。當時原本要退休的董事長張忠謀重披戰袍回到公司，主要就是不想讓公司做出裁員的措施。這樣一來當然員工士氣大振，你的老闆原本七十四歲、就要退休了，竟然還願意為了員工重新回到公司。而且當時張忠謀已經是臺灣的百大首富，卻經常以火車作為交通工具，這樣親民且勤奮的形象出現後，員工當然會拚命替公司工作，也讓台積電的股價從金融海嘯時的三十六元，二〇一八年一路上漲到兩百六十六元，這也可說是張忠謀一手促成的。

要觀察一個產業也許很困難，但是找到一個好老闆來當你的「好員工」，就簡單得多。本書提供許多祕訣，可用來觀察一間公司的好壞。說到這兒，還不趕緊對照一下自己手中的投資標的，看看是否符合書中的特點，或是透過本書的法則找到好公司，也許你就會買到下一個台積電！

推薦序四

財報僅是後照鏡，非財務指標才是企業未來的探照燈

《投資最給力》主持人／阿格力

「財報」是多數投資人買進個股的依據，但我個人會加上「非財務指標」，作為評估買賣的關鍵。為什麼？因為財報只能代表企業過去的表現好壞，無法預測未來。如果你曾經過度信賴財報而導致虧損，那麼多解讀企業的非財務指標，相信就能顯著改善績效。如同醫生看診時，會結合病歷與病人當時的狀態，綜合評估之後才給藥；只看財報就投資，如同只憑病歷拿藥一樣，會有誤判的風險。

坦白說，受邀推薦這本書時，我才驚覺自己投資報酬率較高的持股，都是無形中根據非財報指標買進的，例如「高董監持股比」及「經營者是否與時俱進」。買股就是買公司，身為公司經營者的董監事，如果也持有可觀的公司股份，立場才會與散戶投資人一致，做出來的決策比較不會犧牲股東權益。年化投報率將近三成的傳奇投資經理人彼得．林區（Peter Lynch）也說過：「內部人買進的公司，是完美股票的特點之一。」如果連投資大師都如此注重非財務指標，一般投資人怎麼能只看財報？

一家公司是否有前景，從經營者是否與時俱進就能略知一二。現在是連我過往不碰電腦的父母，都需要LINE的時代，而LINE的前資深執行董事田端信太郎有次在會議上發現，與會者有七、八成都沒玩過《精靈寶可夢GO》這款遊戲後，隨即在推特（Twitter）上發表：「生活應該要對新奇事物有好奇心。」由他的態度，就顯見LINE一定具備了高度創新的能量。果不其然，LINE一路從通訊軟體拓展版圖到遊戲、第三方支付及電信，甚至是數位銀行，完全突破了人們對通訊軟體公司的想像，更帶動營運水漲船高。

提倡購物車選股法的我對此深有同感，我們可能無法讀完LINE母公司企業NAVER完整的財務報表，但所有LINE的使用者，可以從出現在手機中越來越多的跨界應用，感受這家企業的創新與企圖心。

在投資上，如果缺乏判斷非財務面向的能力，績效一定難以好轉。要知道，股市是公開市場，只憑財報很難發現未來有前景的公司並投資獲利。一來，當你發現時，代表也有一堆人發現，因為每天都有無數人使用程式篩選財報績優股，所以買進時的「價格」，或許已反映「價值」。再者，財報真的只能反映過去，而無法預測未來，例如宏達電（2498）如日中天時的年度每股盈餘為七十元（賺七個股本），結果到每股盈餘衰退為負數時，僅僅只花兩年，這就是財報無法反映未來的最佳例子。

但非財務指標卻能透露一點訊息，當時不僅有三星旗艦機大舉壓陣，小米高規格、低售價的策略，也掀起智慧型手機市場的價格戰。如果散戶投資人把生活中的觀察結合到投資，相信就能逃過宏達電的大衰退。

非財務指標很簡單，沒有人笨到學不會，只要你別聰明到搞不懂。請相信見微知著的力量，不局限於可量化的數據，如能結合後照鏡（財報）與探照燈（非財務指標），投資績效定能大幅躍進。

前言
這是我鑑別六千五百家公司後的筆記

大家好，我是 Rheos Capital Works 基金管理公司的董事長兼總經理、投資長藤野英人。本書是我以基金經理人的立場，在三十年間持續執行企業調查，以拜訪過六千五百多位老闆的經驗為基礎所完成的作品。

本書的出版契機，得回溯到我在各大型資產運作公司服務的菜鳥時期，擔任基金經理人前輩的助理時所寫的筆記。

簡單來說，基金經理人的工作，就是從個人、企業（投資機構）募集資金後，再用來投資預估會成長的公司，讓資金增加、投資人獲利。

菜鳥時代的我，雖然常跟著前輩去拜訪企業，但是我完全聽不懂老闆們所說的話，非常辛苦。我學的是法律，當時完全沒有財經方面的常識和基礎，但是要採訪企業老闆，就必須了解這個業界的結構，並懂得相關的專業術語才可以。

我真的很努力，但是剛開始的那段時期，由於知識貧乏，跟不上前輩採訪的步調，瞌睡蟲總會頻頻上身。為了驅逐瞌睡蟲，我索性開始打量董事長辦公室的樣子，記下我所注意到的事情，或者是乾脆在筆記本上，畫受訪老闆的畫像。

之後，當基金經理人前輩要和新聞記者暢談時，我就會提供祕藏的筆記，作為他們談話的話題。沒想到，其中一個話題在《朝日新聞》「天聲人語」專欄的介紹之下，引起了極大的迴響。這個話題就是後來的「拖鞋法則」，也就是聲名大噪的「規定要換穿拖鞋的公司，通常不賺錢」（請參照第一一七頁）。

於是，看到這篇「天聲人語」的出版社找上了我。因此，二〇〇〇年，我以之前的取材筆記為基礎所寫的書《成長公司、衰退公司的定律》（講談社+α新書）便出版了。

在各位繼續閱讀下去之前，我想先做個說明。

書中介紹的法則，並不是什麼神奇的魔法定律，讓你試著套用到一、兩家公司之後，就可以立即知道這是一家好公司還是壞公司。

聽聞曾有讀者表示：「藤野先生只要拜訪過一家企業，立刻就可以知道這家企業是好是壞。」事實上，當然沒這回事。一個人不可能在一瞬間，就能清楚了解一家公司的優劣。

因此，就算是為了調查而造訪的公司，進去時要換穿拖鞋，我也不會馬上就決定不投資。所以大家要用本書提出的法則來觀察企業時，千萬不要馬上就斷定這家公司的優劣。因為，要掌握一家公司的體質，可不是一件容易的事情。

但是，好公司要有成長型企業特有的特徵。如果某間公司出現了許多壞公司會有的警訊，就判斷「最好別投資」，這樣絕對沒錯。

雖然我們無法用肉眼看出企業的體質，但是只要詳細確認可觀察的現象，就可以從中找出啟示，足以鑑別這家企業是否優良。「魔鬼就在細節裡」，**企業的體質通常會不經意的顯現在老闆的言行舉止、辦公室擺設和布置等日常細節中。**

因此，我認為本書提出的法則，其實就是一種鑑別方法，能讓你有效貼近企業體質。

要分析一家企業是否可以投資時，許多人的第一步都是檢視各種財務報表的數字。看得懂這些數字當然最好，但是如果因為不會看財報，就認為「要判斷公司的好壞很難」、「自己和投資無緣」而裹足不前的話，真的是相當可惜。

我想大家只要讀過本書，有基本的社會常識作為基礎，應該就有能力鑑別企業的體質。使用書中的法則，**不只可以鑑別投資對象，還可以檢視自己服務的公司和生意上往來的客戶**。對經營者、創業者而言，也可以從中獲得啟發，讓公司更進步。

Rheos Capital Works 是我於二〇〇三年創立的公司。過去曾由我操盤、成立於二〇〇八年十月的日本股票型投資信託基金「Hifumi 投信」，在二〇一七年三月，淨值（按[1]）翻漲了四倍之多，並從二〇一二年到二〇一五年，連續四年在投資信託／國內股票部門，榮獲「R&I 基金大獎」（按[2]）；二〇一七年，在NISA（按[3]）／國內股票部門，「Hifumi 投信」（直銷型基金（按[4]））又和另一檔基金「Hifumi Plus」（非直銷型基金（按[5])），雙雙獲得最佳基金獎。另外，還在「二〇一七湯森路透理柏日本基金獎」（Thomson Reuters Lipper Fund Award Japan 2017）中，連續兩年榮獲「最佳基金獎」，獲得極高的評價。

按1：NAV：Net asset value，基金一股（單位）的價值。

按2：R&I，Rating and Investment Information，是日本的信評公司。

按3：Nippon Individual Savings Account。這是日本仿英國個人儲蓄帳戶模式所創的稅制。即小額投資不課稅制度。也就是基金獲得的利潤、股息，可以免課稅的制度。僅適用於已經通過標準（每年投資上限為一百萬日圓，期間最長為五年）的共同基金。

按4：即透過基金公司或基金公司網站買賣基金的方式，申購和贖回直接在基金公司或基金公司網站進行，不透過銀行或證券公司的網點，沒有代理費。

按5：指必須透過銀行或證券公司申購或贖回的基金。

序言

基金經理人就像是幫企業看診的內科醫生

要判斷一家公司的好壞，就像內科醫生看診。醫生看診時，會向患者問診、會把聽診器放在患者胸口上、聽聽看心跳是否正常，會用眼睛觀察患者的臉色、肌膚的狀況，會透過抽血檢查、X光檢查、超音波檢查，分析各種資料。內科醫生會透過以上的動作，判斷患者的身體內部處於什麼狀態。

同樣的，基金經理人也會檢視損益表、資產負債表中，相當於健康檢查資料（X光、驗血、驗尿等）的數字。另外，也會如問診一樣，拜訪經營者、投資人關係（ＩＲ，Investor Relations）的負責人。這個時候，基金經理人就必須像內科醫生觀察患者的臉色一樣，要仔細看清楚公司內的情形、老闆的態度等。

在「診斷」時，切記不要只用一時的資訊來判斷。必須像醫生一樣，一邊看患者過去的病歷、一邊診察，要定期檢視損益表、資產負債表等財務報表，看清楚變化的方向。

另外，拜訪企業的次數不能只有一次，至少要走個兩、三趟，才能提升診斷的精準度。離最初的拜訪隔個幾年再次上門，很多時候就可以看到企業不為人知的一面。

在做投資判斷時，將透過這些診斷得到的資料一個個組合起來，那麼一些肉眼看不出來的真實面，就可能會一一浮上檯面。這個時候，我所介紹的法則，如果以內科醫生的診斷來比喻的話，就如「肥胖的人是生活習慣病的高危險群」一樣，會顯現出足以作為診斷提示的顯著傾向。

內科醫生不能只靠患者的臉色診斷病情，企業的好壞也不能單靠套用一個法則來判斷。不過，只要根據本書的法則來觀察企業，一定就會發現「只忙著蓋豪華辦公大樓、雇用性感美女當櫃臺小姐，員工沒有野心、也不會招呼」的公司，是不正常的。

見過六千五百位老闆後的肺腑之言

決定企業性格的最大關鍵，就是「老闆」（經營者），也就是公司的領導人。在第一章，我們就先來看看和領導人言行舉止有關的法則。

在媒體或股東大會上，我們可以聽到老闆的發言，並看到他們的行為舉止。找工作、換工作時，也有機會在面試的階段，和他們直接對話。另外，洽商時或許也能和對方公司的老闆見面。

這些時候，只要回想一下本書所提到、和經營者有關的法則，應該就能得到線索，以判斷這家公司是否是成長型企業。但是，腦中千萬不要只想著：「套用法則來判斷。」

到目前為止，我見過六千五百多位經營者，並和他們一一談過話。要知道企業真實的狀況，一定要設法讓對方敞開心胸，才能讓訪問更有意義。

因此，在聽他們說話時，最重要的是基本上會非常尊重對方。向企業分析師提出建議時，我們常說要用一顆「優雅沉著的心」來處理訪談。所謂「優雅沉著」，就是要發揮想看、想聽、想知道的好奇心，向對方表達自己強烈關心的態度。

見到老闆時，固然不可以輕蔑人家，但是也不需要奉承讚美。最重要的是，要透過態度，表達自己想要了解對方的心意。只要讓對方看到自己「真的想了解您和貴公司」的態度，縱使**問了不好回答的問題**，對方也還是能順利答覆。

不可先入為主，先聽：對方怎麼說

順帶一提，其實在各種不同的場合，「優雅沉著的心」都能發揮相當的威力。

當聽者的態度是：「很高興聽你說話、還想聽你說更多。」任何人都會心情愉悅、很容易敞開心門。異性緣佳的人，大都擅長傾聽多於擅長說話。因為透過表示自己有興趣、讓對方打開話匣子，就能贏得對方的好感。

在相聚的時間裡，讓對方暢所欲言，除了可以營造快樂的氣氛之外，還可以大幅提高「下次再見面」的可能。只要能夠增加直接會面的次數，就能夠深入了解對方，衍生出好的循環。

經營者基本上都是充滿個人魅力的人物。當然，因為我是基金經理人，所以最後還是有可能會做出「不投資這家公司」的判斷。

不過，能夠在企業擔任高階主管的人，其實大都具備了超凡的領導力，所以不論是在人格或能力上，都十分有魅力。因此，不論能夠見到什麼樣的人，我都會很高興、很興奮，因為一定可以從他們身上有所學習。

我認為拜訪企業時，如果有機會和老闆說話，不需要一個勁兒的想弄清楚這個老闆是不是好人。只要這個人夠出眾，你自然就能夠從他的說話、提問方式所散發出來的氣場感受到。

不要先入為主的認定：「因為這家公司不大，所以……。」「因為很年輕，所以……。」「因為這是成熟的產業，所以……。」不論是拜訪企業或是會晤經營者，都要用毫無偏見的心態去面對。

基金經理人之眼01

面對市場時，要設法讓正反兩方、兩個截然不同的解決方案產生共鳴。

Think! Think! Think!（思考！思考！思考）

Don't think, feel!（別光顧著思考，要去感受！）

第1章
飆股的經營者都有這些特質

法則01 總裁無任期，方有獅子心

放眼世界，成長型企業，如臉書（Facebook）、亞馬遜（Amazon）、谷歌（Google）等，都是由公司擁有者或擁有者的其他家族成員在經營（傳統家族企業）。就連在印度，企業的經營者也幾乎都是該企業的持有人。

但是，反觀日本大企業的最高管理者，絕大多數都是沒有股份的專業經理人。過去，日本的企業幾乎都是擁有者身兼經營者。但在不知不覺中，透過多數決原則、在民主票選過程中產生的專業經理人，已將企業擁有者排擠到幕後了。

偏偏社會並沒有重視這股氛圍，所以專業經理人也就越來越普遍，畢竟「業主經營＝一人經營」多半會給人家族企業的負面印象。像是豐田家族就還留在豐田（TOYOTA）汽車的經營團隊裡，難怪有人指著這件事表示，豐田汽車是一間「怪公司」。

但是，對於由沒有股份的專業經理人擔任高層的企業，我個人很難期待它有所成長。因為這類型的企業中，很多都是有問題的危險公司。

這類經營者的問題，就是容易犧牲長期的價值創造，只追求短期的利益。

以豐田家來說，豐田汽車的經營是以十年至三十年為單位，說不定連百年之後的狀況都列入考量了。但是，如果是專業經理人，就會以如何讓自己在任期內安全過關為第一考量。因此，他們會執著於每季的業績，而欠缺長期的規畫。

例如，要看準未來、預先投資的話，可以預想得到，任期結束就準備要換人的現任總經理，和任期尚未確定的總經理，在判斷上就會不一樣。如果想提升眼前的業績，會試圖透過選擇和集中事業、企圖達到效率化，而非優先投資設備，這是很自然的事。

另外，專業經理人還會靠公文流程，來整合和經營有關的決策。也經常會創造「大家共同決定」的形式，以避免自己一個人受指責；在執行之前也大都已做好事前疏通的工作。

墨菲定律中提到：「吞不下的東西，只要弄碎就吃得下去。」如果把這句話套用在企業經營的話，就是：「只要分散責任，即便是錯誤的決策，也可以過關。」也就是說，如果把決策的過程和決定的事項細分化，到了最後就沒人負責，經理人當然也就平安無事了。

《失敗的本質——日本軍的組織理論研究》（中公文庫）一書中也提到這種做法。日本戰敗之後，聽說有人曾經訪問過A級戰犯，每個戰犯都一直認為日本會輸。但大家明知會輸，還奮勇前進的理由，可以說就是決策分散化的結果。

透過民主程序選出來的管理者，有一個特徵，就是他們大都是不樹立敵人、不會被攻擊的「好人」。為了避免衝突和摩擦，這種人通常都會經過全方位的思考後再下評論。在這種狀況下提出的評論，當然一定安全而且利益均霑。以大企業來說，就是無論賺錢或虧錢的部門都會被一視同仁。如此一來，就很難為企業培養出能催生改革的環境。

大家應該都知道在人資領域很有名的「彼得原理」（Peter Principle）吧！如果上班族是依據自己的能力晉升的話，因為能力的不同，有人升到課長就止步，有人升到經理就停住了。換言之，升到課長就止步的人，表示這個人沒有能力再往上升。結果，組織中的職位就被「只能晉升到這個等級的人」給填滿。這就是彼得法理。

沒有股份的專業經理人會掩蓋問題發生

大多數外商公司都有「Up or Out」（不是晉升就是辭職）的潛規則，所以可避免發生彼得原理。但是，日本的大企業一般都沒有「無法往上晉升就離職」的想法，所以如果用彼得原理來思考的話，組織內的職位就會因此充斥著無法再往上晉升的無能之人。滿滿都是無能之人的組織，不但會失去活力，還會深陷「怕麻煩主義」中。這就是所謂的大企業病的症狀之一。

在這種企業文化中，任期有限的專業經理人很容易產生以下的偏見：「如果因為公布資訊而讓公司股票下跌的話，自己的評價也會跟著下滑。既然如此，姑且就先把問題壓下去再說。」

以曾經發生經營危機的東芝為例，歷任總經理中，有三任都做過假帳。

照理說，他們應該趁著病灶還小的時候，馬上採取解決措施，但是他們非但沒有這麼做，還繼續掩蓋惡化的狀況並豪賭一把，企圖要用美國的核電事業反擊，結果把狀況搞得更糟。

我想，東芝的問題並不是特殊的案例，由專業經理人率領的大企業，都有可能會發生類似的問題。

經營企業一定要有長遠的眼光，這是我一貫的主張。公司持有者自己跳下來經營，就算身為領袖的資質很平凡，也還有一項強項，就是在經營上能夠用長期的眼光下判斷。但是，只在乎自己任期還剩多少的執行長，就極易陷入目光短淺的短視思考。

在「為了防止不當行為，高階經理人的任期短一點比較好」的思維下，越來越多公司每隔一年就更換高階主管。如果專業經理人還是太短視近利，那麼不管是多優秀的商業人才，還是很難以經營者的身分去避免這種危機。

法則02　老闆持股比例高，股價易漲

一般來說，沒有股份的專業經理人，大都不太關心股價。公司擁有者則因為自己就是最大的股東，所以對股價的漲或跌非常敏感。

專業經理人縱使持有股票，最多也不過一、兩千股左右，所以就算股票暴跌，對於自己的資產也不會有多大的影響。因此，其中有些人對股票非但莫不關心，還持否定的看法，認為：「股票只是投機的工具。」

相較之下，軟銀集團（SoftBank）的執行長孫正義、CyberAgent（按：遊戲開發公司）的總裁藤田晉就擁有兩成的發行股票，START TODAY（按：電子商務公司）的前總經理前澤友作當時更持有近四成。另外，備受注目的成長型企業、網路行銷資訊科技新創公司 ZIGExN 總經理平尾丈，如果把自己的資產運用公司的持股也算在內的話，持股數更逼近七成（二〇一六年十

二月）。

一家公司的老闆是否關心股價，對於今後的投資而言非常重要。**老闆持股的比例**，就是觀察他是否關心自家公司股價的一個指標。

另外，和家族企業相比，經理人和董事對申購股票的意願通常都比較低，也就是對股價比較有鴕鳥心態。近年，為了改善這個問題，有些企業就導入了和績效連動的股票報酬制度，也就是會根據績效的達成度，發給董事股票。

這麼做的目的，無非就是要透過強化企業和股東們的利益共享意識，讓他們注意到要提升中長期的企業價值。

法則03

執行長的知名度和股價，在某種程度上是相互連動的

在這裡，我想先請大家動一動腦。

請各位參照下頁的表格。這是構成東證核心三〇指數（TOPIX Core 30）的公司，也就是日本最具代表性的三十家大企業。大家可以馬上說出這些企業的老闆是誰嗎？我想絕大多數的人應該回答不出來。

經營高層的知名度和股價具有某種程度的連動性。經營高層如果常露臉、用自己的名字發言，通常都具有極大的宣傳力道。公司也會因為領導高層的做法而大幅改變。

有不少人非常喜歡批評孫正義、優衣庫（Uniqlo）創辦人柳井正、樂天創辦人三木谷浩史等經營者。在媒體上批評他們，的確比較容易受注目。不過，我認為姑且不論批評的內容是好與壞，肯露臉的經營者願意主動發布訊息這

日本最具代表性的 30 家上市公司（2021 年 10 月 31 日）

股票代號	名稱
3382	7&I 控股公司（Seven & i Holdings Co., Ltd）
4063	信越化學工業
4452	花王
4502	武田藥品工業
4503	安斯泰來製藥（Astellas Pharma Inc.）
4568	第一三共
6098	瑞可利（Recruit Holdings）
6273	速睦喜（SMC）
6367	大金工業（DAIKIN）
6501	日立製作所
6594	日本電產
6758	索尼（SONY）
6861	基恩斯（KEYENCE Corporation）
6954	發那科（FANUC）
6981	村田製作所
7203	豐田汽車
7267	本田技研工業
7741	HOYA
7974	任天堂
8001	伊藤忠商事
8031	三井物產
8035	東京威力科創（TOKYO ELECTRON）
8058	三菱商事
8306	三菱 UFJ 金融集團
8316	三井住友金融集團（Sumitomo Mitsui Financial Group）
8411	瑞穗金融集團（Mizuho Financial Group）
8766	東京海上控股（Tokio Marine Holdings）
9432	日本電信電話
9433	KDDI
9984	軟銀集團（SoftBank）

件事本身，是可以給予好評的。

例如，卡樂比公司（按：Calbee，零食製造商）的前董事長兼執行長松本晃，曾在嬌生公司（按：Johnson & Johnson，醫療保健產品、醫療器材製造商及藥廠）擔任高階經理人長達十五年的時間，可說是專家級經營者。二〇〇九年，他在創業者的延攬之下，進入了卡樂比公司的經營團隊。之後他就以有別於大企業專業經理人的眼光進行改革，更獲得了耀眼的成績，受到大家的注目。

二〇一一年三月十一日，卡樂比股票上市之後，便積極揭露資訊，熱心致力於投資人關係。近年，更積極的把重心放在改革女性的工作方式上，也傾注心力於增加休假日或在家工作的機會。總之，當時的董事長松本晃的言行舉止，都備受媒體的關注。

曾經，卡樂比因為營業利益不到一%，一直為業績無法成長而煩惱，但是二〇一五年四月到二〇一六年三月的營業利益就達到了一一%。卡樂比就是「公司靠高階領導人翻轉變好」的最佳例子。

基金經理人之眼02

「忖度」這個詞曾蔚為話題。主要是因為東芝一連串的做假帳風波，也是因為員工忖度社長口中的「挑戰」一詞的關係吧（按：忖度是揣摩、推測之意，延伸指下屬揣摩上意。東芝假帳事件，一般認為起因於高層表示要「挑戰」高利潤的目標，使得員工認為無論如何都得達到要求，或許便因此導致做假帳的狀況出現）。

就如大家看到的，在**公司內如果不斷聽到忖度之類的詞，就表示公司已經被大企業病侵蝕了**。因為這個話題才知道忖度一詞的人，各位所服務的公司和組織或許氛圍還不錯。反之，如果你覺得忖度這兩個字怎麼現在才甚囂塵上的話，也許你的處境是很糟糕的。

法則04　讓員工了解願景的公司，值得投資

拜訪老闆時，我非常重視他本人是否會「熱情的暢談夢想」。老闆如果認真、全神貫注思考經營的事，那麼侃侃而談自己公司的未來時，會顯得格外興奮。

經營者因為受訪前正好發生了不愉快的事，而帶著不安情緒受訪，這類狀況我也司空見慣。不過，很多老闆就算一開始情緒不佳，但只要開始談論夢想，就會越說越起勁，越談越有精神。

談到經營理念、公司願景時，兩眼會閃閃發光的老闆，是值得信賴的。在一個事業體中，如果經營高層沒有投入熱情，就不會萌發成功的種子。

不過，受訪的經營者中，也有人談起自己的公司，卻像在談別人的事、一副事不關己的模樣。在專業經理人中，就有不少人屬於這種類型。當然，

老闆自己如果失去了經營的熱情，也一樣無法暢談夢想。

當我詢問公司的願景時，有的人會臉色一沉、不解為什麼我會問這種問題，有的人則是表情焦躁，信心顯得有些動搖。這類型的老闆或許不覺得企業理念、公司願景很重要。由這種人率領的公司，不值得投資。

光靠薪水，員工很難動起來

我之所以會給能暢談夢想和願景的經營者這麼高的評價，是因為高層可以透過發送訊息，讓經營的理念滲透到整個公司。

現在十幾歲、二十幾歲的年輕人，不是光靠金錢，就能夠讓他們動起來的。許多年輕人在乎的不是年薪多寡，而是希望能夠實現自我。換句話說，他們重視的是目的和使命感。我支援新創事業的同時，也常和時下優秀的年輕人談話。他們最常說的一句話就是：「我希望能夠影響社會。」

換言之，他們想的是，能透過工作帶給社會多大的影響，希望能改變這個世界、讓這個世界變得更好。

要讓這樣的年輕人動起來，經營者必須舉旗（提出願景）誓師，明示工作的社會意義、挑戰性，並明確、具體的說明公司事業將如何貢獻社會。總而言之，一家公司如果能讓自己的員工對自家事業感到自信和驕傲，絕對會是最強的企業。無庸置疑，生產力當然也會跟著提升。

經營高層要讓這些訊息，滲透到公司的每一個角落，並不是件容易的事。他們必須反覆說著同樣的話。如果高層感受不到自己的使命感和企業目的，就不可能引發員工們的共鳴。

因此，投資時，老闆是否會熱情的暢談夢想，將是非常重要的鑑別依據。

願景不是看有多酷炫，要看有沒有滲透力

願景不需要很酷炫、耍帥。重要的是，老闆的願景是否具有滲透力、員工們相不相信。

我們的社會會將企業分等級，所以有一流企業、二流企業之分。不過也有人這麼解釋，「有一個源流的是一流」，「有兩個源流的是二流」；也就

是說，目標、方針清楚，願景明確，而且極力讓它滲透到內部的公司，就是一流的公司。因此，重要的是，目標和方針要清楚、堅定。至於闡述願景的話語聽起來是否冠冕堂皇，一點都不重要。

要讓願景具有滲透力，首先必須用大家都能看得懂的形態來呈現。例如，把願景反映在經營目標之中，就很容易深入員工們的心坎裡。抑或是把願景融入行為規範之中，也是一種方法。讓全體員工一起跟著喊、跟著唱和，或許也能發揮一點滲透的力量。

我拜訪過各種類型的公司，其中會讓我想投資的，絕大多數都是會設法讓員工熟知經營理念和願景的好公司。

靠著願景的滲透力，讓股價翻漲一百六十五倍

有不少企業的業績，就是靠著願景的滲透而成長的。例如，推展眼鏡品牌「JINS」，並擴展市場的晴姿眼鏡公司（按：JINS Inc。公司舊名為JIN CO., LTD），在業績最低迷的二〇〇九年制定了企業理念（Credo），並實行

理念教育之後，業績才開始逐漸成長。股價也從二〇〇九年二月的三十九日圓（按：約新臺幣一〇．五元左右，全書匯率以一比〇．二七換算）一路上揚，至二〇一五年八月，來到了六千四百六十日圓（按：約新臺幣一千七百四十四元左右）的高價。換言之，足足成長了一百六十五倍。

以製造分析、測量儀器為主的堀場製作所，其社訓（方針、主張）是「喜悅和樂趣」（Joy and Fun）。

根據堀場製作所公司網站的說明，就是指：「希望能靠自己的力量，把我人生最美好的時光，也就是在『公司的日常時光』，變成一連串『喜悅又有樂趣』的事物，並擁有健全且豐碩的人生。」「因此，公司必須為員工提供舞臺，讓員工能『喜悅又有樂趣』的工作。」「如果所有的員工都能在『喜悅和樂趣』的氛圍中享受工作，除了可以增加發想力和想像力，也能提高工作效率、提升企業價值。」這個社訓強烈的滲透到每一位員工內心，也形成了公司的強項，讓業績不斷成長。

以糕點聞名的KOTOBUKI SPIRITS公司（前身為寿製菓），也傾力於共享理念。這家公司提出「經營理念滲透計畫」之後，便明文規定一百條經營哲學，甚至製作了記載經營理念的手冊《小木槌》。讓所有的員工帶著這本手冊，在公司內部的教育訓練和讀書會時利用，藉此讓公司的經營理念滲透到員工心中。該公司是在二〇〇二年導入《小木槌》手帳，之後公司的股價一直向上攀升。

協助身障者就業和輔導遲緩兒學習的LITALICO（樂他樂康），是一家以「改變世界，讓員工幸福」為經營理念，並以「創造無障礙世界」為願景的企業。二〇一六年，在東京證券交易所MOTHERS市場（按：全名為Market of the high-growth and emerging stocks，為東京證券交易所成立的新興企業股票市場）中上市。

該公司設立了「文化獎獎勵制度」。這是針對每一個事業體根據企業理念所制定的構想，互相簡報如何實踐並表揚的制度。該公司透過這種方式，努力讓經營理念滲透到內部每個角落，並與全體員工共享理念和願景。這家公司的銷售收入和營業利益都一直往上成長。

以企業為對象、經營工具及消耗品批發的TRUSCO NAKAYAMA公司，透過檢視該公司的人事考核制度，就可以一窺企業理念滲透的程度。因為該公司實施的是全面性的「三六〇度考核制度」，不但主管、同事、部屬全都要接受多方面的考核，而且還把行為理念、經營理念都列在考核項目中。該公司之後不斷刷新最高利潤的紀錄，業績更是持續成長。

法則05
你的老闆有「經典臺詞」嗎？

想要讓明確的願景滲透到公司內外，有「經典臺詞」的老闆是最有魅力的。願景的內容固然重要，但是我認為，老闆明確、沒有模糊地帶的發言更有價值。

例如，軟銀集團的執行長孫正義，有一陣子每當有人在推特（Twitter）上提出意見和建議，他也會回答：「咱們做吧！」散發出積極的態度。我想這就是一句很典型的經典臺詞。

日本電產是位於京都、全球首屈一指的綜合馬達製造商。該公司的知名總經理永守重信經常提到他的經營哲學：「熱情、誠意、執著。」還有「馬上做、一定做、直到做出成績」和「用智慧辛勤工作」，都滲透了全公司。正因為這幾句話都是永守本人百般思量想出來的，所以才能深切的傳達。

永守重信當時又提出一個新目標：「改革工作方式，到二〇二〇年達到零加班。」大家都知道永守是個工作狂，他會提出這個決定，著實令人意外。但大家都聽過他的經典臺詞，所以都認為他應該是認真的。

老闆的經典臺詞，不需要像廣告商的廣告臺詞那麼動聽、簡練。最重要的是能夠打動人心，讓公司的員工覺得在這家公司工作是有價值的。

基金經理人之眼 03

舉例來說，當突然出現了如美國前總統川普這樣的變動因素之後，對我們這些投資人而言，該如何應對，就是一場全面性的「戰爭」。

這時的判斷就要徹底著重現實，不可太過理想。總之，要讓願望成為事實，就必須戒慎恐懼、步步為營。（下接第八十八頁）

法則06 老愛談自己過去有多苦，這家公司不會成長

經營者的故事，也是觀察一家公司非常重要的資訊。因為成長的家庭、求學經過、喜歡看什麼書、曾有什麼樣的經驗，都會影響經營者的人品、生活方式、願景、公司的經營方針等。

因此，訪問老闆時，我都會積極詢問過去的事。其中，有些老闆一提到自己的過去，說的都是自己過去「有多麼辛苦」。我**之所以會問過去，是希望能夠從中找到線索，讓我能更深入了解這家公司未來的願景**。但是，有的老闆卻只是一味回顧過去的種種，完全沒有把過去的經驗帶入未來的話題。

公司如果有這種老闆，就無法期待它會成長。因為這類型的老闆只要一達到目標，體內奮發向上的「企業家引擎」就會停止運轉，對於企業的未來，就不再有強烈的意志。

一個認為自己已經完成使命的經營者，眼中會失去光芒，讓人感受不到緊張的氣氛。我很難用文字來形容這種感覺。總之，如果是想繼續挑戰的經營者，只要一開口說話，就能夠感受到他的「氣場」不同，而且雙眼一定炯炯有神，也不會把時間浪費在訴說過去的辛酸史。

不過，並不是所有的辛酸史都沒有意義。如何讓公司在惡劣的環境中生存下來，當公司面臨危機時自己又做了什麼，這些都是觀察經營者非常重要的重點。只要他說完克服各種辛苦的事蹟後，**提到未來還想做些什麼**的話，縱使想談再多的辛酸史都不成問題。

例如，GMO Internet 公司（按：日本頗具影響力的網路公司）的董事長熊谷正壽，在訪談中就曾生動描繪該公司陷入窮途末路時的事。從熊谷的言談中，我看到他抱持著多少覺悟以守護公司、希望公司能繼續成長的決心。

GMO Internet 公司有段時間，因併購的消費者金融公司必須償還給客戶的利息過多的問題，造成龐大損失，而瀕臨債務過多的窘境。

據說，那時就有外商公司趁機打落水狗，對熊谷表示：「放棄吧！把這家公司用五百億日圓（按：約新臺幣一百三十五億元）賣給我！」但是最後，熊谷靠著挹注一百七十億日圓的個人資產及雅虎的資金，讓 GMO Internet 公司撐過了這次的難關，完美的演出了在「九局下半、兩出局滿壘」狀況下的逆轉勝。

事實上，GMO Internet 公司瀕臨危機時，我自己的基金公司內部反而決定要買進該公司的股票。因為當時拜訪過熊谷之後，我就覺得：「這家公司起死回生的可能性極高。」

看到熊谷把包括自己房子在內的個人資產也投進去，我就知道他是真的要背水一戰了。因為 GMO Internet 公司的**本業是順遂的**，所以我判斷只要問題解決了，該公司應該就會繼續成長。我會這麼判斷的最主要原因，是我和熊谷對談時，他毫不避諱的實話實說，所以我們也很乾脆的表示：「那麼，就買你們公司的股票了！」

因為訪談的內容非常踏實中肯，所以我才能深入了解熊谷的個性和想法。從那時到現在，我一直都認為，他是一位擁有破釜沉舟決心的經營者。

法則07 老闆的自卑情結是股價上漲的原動力

投資時，詢問經營者的過去是非常重要的。因為可以從中找到經營動力是來自何處的提示。

能夠成為公司經營高層的人，只要我們有心探究，就會了解他們背後都擁有很強的動機（motivation），而且這些**動機大都是來自於自卑情結**。

我想很多人應該都注意到了，日本存在著一個無形的金字塔型社會。在這個金字塔最底層流動著的，是濃濃的學歷至上主義和純正日本血統主義。在就業博覽會等活動上也可以知道，對於只有高中以下學歷的人，或是非日本人、出身貧苦家庭的人來說，是個極為嚴峻的社會。

上市企業的老闆中，有不少人都背負著不為人知的過去，例如因為學歷因素找工作找得很辛苦、因為人種上的偏見總是吃閉門羹，或者因為要擺脫貧窮、才開始自己做生意的。當然，也有人是因為生過大病，或是因為曾經遭受過家庭暴力。

這三十年來，我一直陸續拜訪中小企業。在二〇〇〇年之前浮上檯面的經營者中，很多都是不能用「普通」兩個字形容經歷的人物。也就是說，很多經營者是因為找不到工作，才自己創業的。

自卑情結是能推動人的原動力。例如，受到金字塔型社會排擠在外、下意識產生的**復仇心態**，想盡辦法擺脫貧困而產生的**強烈鬥爭心**，都可以轉變成推動公司的力量。

有時候，經營者的自卑情結一消除，鬥爭心也會消失

但是，如果動力是來自自卑情結的話，有時情結一消失，鬥爭心也會跟著消失。尤其是金錢上處於弱勢的人。這類型的人好像只要一成為有錢人，就很容易失去動機。至於學歷和人種偏見，縱使成功了，也很難從根本上消除。我只能說，因金錢所產生的自卑情結，會因為賺到錢、情緒獲得滿足而

隨之消失。難怪有些經營者在股票上市後，心結就化解了，抑或是克服了股票上市的障礙後，幹勁馬上就急速下滑。

總而言之，如果經營者失去了動機，就別期待這家公司會再繼續成長。我完全不想投資這種公司。當然，也有公司縱使賺了錢，股票也上市了，經營者還是帶著自卑情結，並把它轉換成能量，繼續向前邁進。

這類型的經營者抱持強烈的動機，對事業有旺盛的企圖心，對股價也相對敏感；因為股價下跌，就表示自己的資產縮水了，所以他們會選擇最適當時機，對外公布「要用現金（而非融資）購買自家公司股票」、「要增加股息」以支撐股價。有這樣的經營者，這家公司就值得投資。

二〇〇〇年之後，有越來越多經營者把達成夢想和願景化為動機。和以往的經營者不同的是，他們大都擁有高學歷，而且是先在大企業闖出一番成績後，才出來創業的。自卑情結不是負能量，能夠把自卑情結轉化成實現自我、貢獻社會、經營公司動力的人，絕不會輕易失去動機。

總而言之，投資者一定要看清楚，經營者的動力是不是夠強大，因為這一點，是判斷一家公司是否會繼續成長的重要依據。

法則08 「負面思考」效果不負面，這叫有準備

「要正向、積極的思考事情，負面思考的人成不了氣候」，我想這是大多數人的看法。

但是，在成功的經營者中，事實上有不少人都抱持負面思考。大家可以想像一下知名棒球教練野村克也給人的感覺。這些經營者就像野村，向來都是毫不掩飾、直截了當的指出自家公司不好的地方。

例如，雖然還不是上市企業，但是百元商店「大創」（DAISO）的創辦人矢野博丈，在接受電視和雜誌專訪時，就常說些極為消極、負面的話。矢野除了常拿大創和其他同業比較、並列舉大創不如別人的地方之外，還說出許多否定自己的評論。但是，就如大家所知，大創年年都成長，日本國內外的總店數已超過四千五百家。

事實上，不論思考模式是正向還是負面，成功的老闆都有個共同點，就是擁有堅持到底、絕不放棄的態度。所謂堅持到底，有的經營者是帶著一份執著，悶不吭聲、一步一腳印走下去，有人則是坦蕩蕩的大喊一聲「加油」，之後向前邁進。

令人不可思議的是，**擁有不屈不撓的精神的人，都是說起話來精氣十足，和思考是否正向無關**。

負面思考的老闆，大都會先設定好最糟的狀況，之後再研擬對策。所以只要一開口，一定就是：「這是我提出來的業績目標，大家應該可以達標吧！」「我已經想過最糟糕的狀況了，所以大家一定可以克服這個困難。」員工聽到這種話，就會覺得有安全感。

「開朗、有活力、正向」，是一般人對好老闆的想像。但是，我認為投資者應該關注的，不是經營者的個性開不開朗，而是他們說話時，能否感受到他的力量與堅韌。

法則09 經營者強勢發言，我們當眞但不當作眞的

許多快速成長型企業，不是擁有轟轟烈烈的成功經驗，就是有位散發出特有光芒的「魅力出眾型」經營者。

這類型的老闆因為擁有絕對的自信，所以就算是為完全沒碰過的新事業做簡報，散發的氣場也一樣震懾眾人。事實上，證券公司和銀行在審查時，對於這樣的人或是這類企業，都會較為鬆懈。

強勢經營者親自為新事業宣傳時，能夠吸引眾人注目的，除了精湛的內容、明確的願景與任務之外，就是經營者的個人魅力。這個時候想要冷靜判斷，還真的很難。

但是，不論多麼優秀、多麼有魅力的經營者，還是會有判斷失誤的時候。例如，迅銷公司（按：FAST RETAILING，日本零售控股公司，優衣庫為旗

下品牌）和軟銀集團，這兩家公司一向都被視為是快速成長型企業中的翹楚，而且經營者的能力也獲得極高的評價。但是，他們開發的新事業並非全都成功。這個世界真的沒有百發百中的企業。

在此我想說明的是，經營者本身不論多麼有魅力，對於他們所說的話，投資人還是必須小心謹慎應對。就算經營者保證一定會成功，你還是要抱持半信半疑的態度。總之，保守一點、**只相信五分，準沒錯**。

法則10 被人一問就動怒，公司經營狀態一定在惡化

上市企業的老闆，常有機會接受像我這種投資人的訪問。尤其是正準備上市的公司，通常老闆都會親自多跑幾家機構投資者（按：Institutional Investor。是指符合法規規定，可投資證券投資基金的註冊登記或經政府有關部門批准設立的機構），說明公司的經營狀況並接受質詢（業界的專業用語為「road show」，也就是巡迴法人說明會。企業主在公司發行或上市前，針對機構投資者進行推介活動）。

在這種場合中，如果老闆對投資人的提問動怒，就可以合理懷疑，這家公司的經營狀況或許真的有問題。

老闆之所以會動怒，經常是因為投資者說的話，或提出的問題過於尖銳，傷了老闆的尊嚴和自尊心。我不論碰到什麼樣的老闆都心存敬意，但是投資

者中，還是會有人故意強調：「資產負債表這麼難看，貴公司竟然還敢上市！」其中固然有人是在認真評論，但有人是故意激怒對方，企圖藉此聽出真正的弦外之音。

聽到難堪的問題會火冒三丈的老闆，極有可能圍繞在他身邊的，都是服從型的員工；或是他從未受過這麼嚴苛的批判，所以才會有狼狽轉而憤怒、不討人喜歡的反應。

如果對自己公司的經營有絕對的自信，並確實相信公司會繼續成長的話，就算有人問難堪的問題，應該也會一笑置之。而且，如果一家公司的老闆聽到刺耳的話，沒有胸襟虛心接受並力圖改善，我不會想投資這家公司。

法則11 不親自揭露公司資訊，快賣了他們的股票吧！

不少老闆會把揭露公司資訊一事，交給投資人關係事務的負責人去做。但我認為，如果不是由老闆親口揭露的資訊，對投資人而言，就沒有多大的價值。因為觀察一家公司時，投資人最想知道的，就是經營高層對產業的現狀有什麼看法和因應策略。簡單來說，**一家公司如果不是由老闆親自公開資訊，投資人便無法感受到經營者的熱情。**

近年來，由經營者親自公布資訊，已被視為理所當然，尤其是中型企業、中小型企業，老闆通常都會親自登門拜訪機構投資者。相較之下，大企業的動作就顯得比較遲緩。

今後，我認為大企業中的高階專業經理人，也必須親自面對投資人、揭露公司的資訊，而非只是一味增加負責做年報（按：annual report，為投資人製作的會計年度財務報告，及其他相關文件）的投資人關係團隊。經營者本人要親自和投資者交流，並向他們請益。

另外，關於老闆親自揭露資訊一事，我還要再補充一點，就是**我不會把老闆簡報的優劣，當成是投資判斷的依據**。企業宣傳時，簡報的能力固然重要，但是，就算資料做得再美觀，話說得再悅耳動聽，如果內容空泛、不著邊際，也沒什麼意義。

近年來，投資人關係顧問公司相當活躍。有些經營者也會接受他們的建議、磨練自己的簡報能力。但是，如果想要了解企業的實際情況，這並非重要的關鍵。反之，有人雖然不擅長說話，但如果內容有憑有據，而且一針見血的話，簡報能力的高低，就完全不是問題了。

法則12 成功老闆都很小器、筆記狂，對細節很龜毛

我和許多成功的經營者來往，在這些老闆中，也有人擅於減降成本，還以吝嗇為傲。身為一個經營者，這是正確的態度。有人則是天生的節儉大師，幾乎完全不搭計程車。就我所看到的，喜歡由豪華轎車接送的，大都是專業經理人，或是對公司經費莫不關心的人（富二代）。

吝嗇的老闆或許不受員工歡迎，但是作為一名經營者，這樣反而比較好。為了要產生利潤，就只能提高營收或降低成本。外號「成本劊子手」的日產汽車前董事長卡洛斯・戈恩（Carlos Ghosn），就是靠著經常注意成本，提升公司的利潤。

在對成本錙銖必較的老闆底下工作的人，應該要慶幸自己有個吝嗇的老闆。要求這種老闆加薪難如登天，但如果你服務的公司是一間上市公司，就

去買自家公司的股票為自己加薪，或許就能享受到老闆藉由「小氣節省運動」所創造出來的利潤。

另外，成功的經營者還有一個特徵，就是重視細節。只要和他們打交道就會發現，他們往往非常在意某些細節，而且只要一發現缺失，就會設法徹底改善。

說到經營者，的確其中有些人呈現出豪爽、豁達的形象，但是在商場上，幾乎所有經營者都是思慮周密的人，無一例外。或許有些馬馬虎虎的公司能夠走到股票上市這一步，但這種公司無法繼續成長。要在競爭激烈的業界勝出，勢必一定要提供又好、又便宜的商品。要做到這一點，則有賴於日積月累的改善各項業務目標。

「魔鬼就藏在細節裡！」能否留意每一個細節，我認為是有實質意義的。

而且，和經營者接觸過的人就會知道，成功者為了不錯失任何有用的資訊，都會詳記筆記。不論是在談話、用餐當中，只要他們認為有必要，就會拿出筆記本記錄，或是用手機錄音。

主要經營複合式連鎖零售店 TSUTAYA（蔦屋）的 Culture Convenience

Club公司（文化便利俱樂部），創辦人增田宗昭就是有名的筆記狂。他除了聽演講時會寫筆記之外，連枕邊都會放本筆記本，以方便他隨時記錄。

除了增田之外，先前介紹過的GMO Internet公司的董事長熊谷正壽、軟腦軟體公司（SoftBrain）的前董事長宋文洲，也都是不遑多讓的筆記狂。

能時時感受時下的資訊，例如對於新事業的創意、該執行的任務、在腦海中迴響的話語等，並隨時隨地記錄下來，就是一種「求知若渴，追求成長」的心態。我認為，用這種心態來形容成長型企業的領導者非常貼切。由這種類型的領導者率領的公司，是值得投資的。

法則13　大口喝水、會道謝的老闆，這家公司的股價會漲

拜訪企業、和經營者會談時，我會仔細觀察他們的一言一行。在過程中，我發現了一個法則：「老闆如果會把茶全喝完，這家公司的股票會漲。」

我的意思不是說，要將茶喝完才有禮貌，而是「有氣勢的公司經營者，會一下子將茶喝完」。創業者、傳統企業的老闆，不知為什麼很多人都會大口喝茶，或許是因為他們全身都充滿了活力。

順帶一提，許多白領經理人，或許從小就被教導要有禮貌，所以幾乎沒有人會大口喝茶。開口請他們喝茶時，有些人會喝，有人還是不喝。當然，不喝茶沒有什麼不對，只是這樣的舉動，通常會給人過於小心謹慎的印象。

提到茶，我端出茶來請老闆喝時，會很在意對方是否會說謝謝。當然，話談得正起勁時，有時的確會錯過道謝的時機。但是，有人卻好像完全不記

得現場還有一位端茶水出來的人。兩相比較，我認為會道謝的老闆，比較有可能是一位好的經營者。

以前，我曾經隨企業經營者友人所組成的鐵人三項隊伍「鐵人三項男孩」（Triathlon Boys）參加溫泉旅行，成員幾乎都是成長型企業的經營者。

第二天早上，我們吃過早餐、收拾行李後，正要結帳時，我注意到所有的經營者們，都會向旅館的人說「謝謝」、「很好吃」、「我們會再來」。看到這個畫面，我真的深切覺得，經營者就該如此。

在店裡用餐時，有不少人會對店內的員工擺架子、態度粗魯。我想，這類型的老闆，對待自家員工的態度大概也好不到哪裡去。但是，**會很自然的向店裡的員工致謝、和店員熱情交流的人，如果這個人是經營高層的話，由他所領導的公司，一定擁有優秀的企業文化**。

會道謝的人，店家一定會展開雙臂歡迎，因為這個人提供了比金錢更寶貴的價值，這就是所謂的「以一知萬」。會向員工說聲謝謝的老闆，想必能夠提升員工的工作動機。我認為投資這種老闆所經營的企業，成功的機率會大幅提升。

法則14　這個人如果開麵店，會成功嗎？

和老闆對談結束時，我還會留心另外一點，就是**這個老闆是否會把自己坐的椅子歸位，是否會把茶杯、咖啡杯，移到桌子的一角**。

我的意思不是說，不把椅子歸位的老闆很糟糕，或把杯子擱在桌上的老闆很要不得。但是，如果會把椅子歸位，會自己收拾杯子，就是加分的舉動。因為我認為，會自然做出這些動作的人，表示他夠機靈、會自動自發，不會擺架子。

根據以往的經驗，我發現**創業型的經營者雖然口氣狂妄、態度強勢，但是絕大多數都會自己動手收拾整齊**。因為他們都曾有在草創時期、凡事都得自己來的經驗。

基於這個想法，所以我會想像一下：「如果這個人經營一家拉麵店，是否會高朋滿座、生意興隆。」如果我認為他會把拉麵店的生意做起來，就會考慮投資他的公司。因為成功機會比較大。

要經營一家拉麵店必須十項全能，除了要提供美味的拉麵，以滿足顧客的味蕾、和顧客搏感情之外，還要具備市場行銷、商品定價，以及商品開發的能力。當然，會計能力也絕對少不了。如果生意越做越大，就得安排打工人員，甚至培訓人才。

例如，大家可以想像一下，如果日產汽車的卡洛斯・戈恩、軟銀集團的孫正義開拉麵店的話，會是什麼情形。

我想，如果他們開拉麵店的話，生意一定十分興隆，而且很快就會發展成連鎖店。如果從這個角度思考的話，我認為**經營者要具備賦予他人動機的能力**，這和上班族在競爭中出人頭地的能力相比，就本質而言，是完全不同的。

反過來說，**你認為某個人如果經營拉麵店似乎會失敗，可能就是不機靈、會擺架子、不會自動自發、不善交際，也沒有領袖魅力的人**。看媒體報導東芝的問題、記者訪問歷任總經理時，我就想到：「如果讓這些人開拉麵店，拉麵店一定會倒閉！」

大家在過濾投資標的、觀察企業經營高層時，請想像一下：「如果讓這個人開拉麵店，是否會成功？」或者是問一下該公司的從業人員：「如果你們老闆開拉麵店，你認為會成功嗎？」只要藉由這個小小的動作，應該就會有新發現。

法則15 網站發文、致詞時總是「我、我們」

我常在全國各地，為東京證券交易所和自己的公司舉辦投資研討會。二〇一七年光是五月，我就去了沖繩、秋田、新潟、香川。

在這類研討會上，常會有參加者問我：「我們這些個人投資者，沒有機會和公司的老闆談話，豈不就無法做投資判斷了？」我身為基金經理人，的確可以見到許多公司的老闆。但是，我並不是只憑見面時的判斷，就決定要不要投資這家公司。

如前所述，在做投資判斷時，公司的經營理念非常重要。**個人投資者如果想知道該公司的老闆是否重視企業理念，只要上該公司的官方網站**，看看老闆所說的話，就可略知一二。

首先，如果一家公司的官網上沒有放老闆的話語，就會是負評。在人人都可上網的現在，官網就等同是一家公司的門面，如果公司老闆不在大門口和大家打招呼，這家公司就不值得一談。

當然，也不是說只要在官網上看得到老闆的話語就行了。如果這篇文章中，用了很多不是人人都懂的專有名詞，投資者就可以判斷大多數人不會想看這篇文章。

另外，老闆在官網上的致詞，一定要用自己的語彙。如果老闆的話語是由經營企劃室或公關部代為捉刀，會讓讀的人覺得過於客氣、見外。如果一個老闆會隨便讓其他人來公布重要的訊息，這種老闆一定無心宣傳公司的經營理念。

網站上的文章是不是由經營者本人所寫的，瀏覽的人只要細細閱讀，一定可以感覺得出來，所以個人投資者可以從老闆的話語中，檢視他的決心和認真程度。

如果從老闆的致詞中，可以感受到他個人鮮明的個性和清楚的經營理念，我們就可以判斷這是一篇不錯的文章。另外，是否附上老闆的照片，也是檢視的一項重點。

因為網站是公司和顧客交流的地方，所以網站的整體設計、照片呈現的感覺、網頁的瀏覽速度、訊息更新頻率等，都是檢視該公司是否重視與訪客交流的指標。如果是用影片的方式呈現致詞和話語，那就更有吸引力了。

注意老闆在網頁上致詞時使用的「主語」

關於網站上老闆的致詞，我還要提出另一個注意事項，就是文章句子中的「主語」。以前，我們公司曾做過這樣的調查。首先，先把上市企業的老闆在網頁上致詞時使用的主語分成兩個群組，一個是用「我、我們」的企業，一個是用「敝公司、本公司」的企業，然後，再調查這兩個群組在股價上的差異。

左頁的圖表，則是將二〇〇四年十二月底的股價設為一〇〇並指數化後，計算二〇〇四年至二〇一四年這十年間的股價變化。從這個圖表，我們可以看出以「我、我們」為致詞主語的公司，股價表現明顯比較出色。這是一個從用詞中，看出經營高層態度的最好例子。

官方網站上老闆致詞時的主語，用「我、我們」的企業，比用「敝公司、本公司」的企業表現更亮眼！

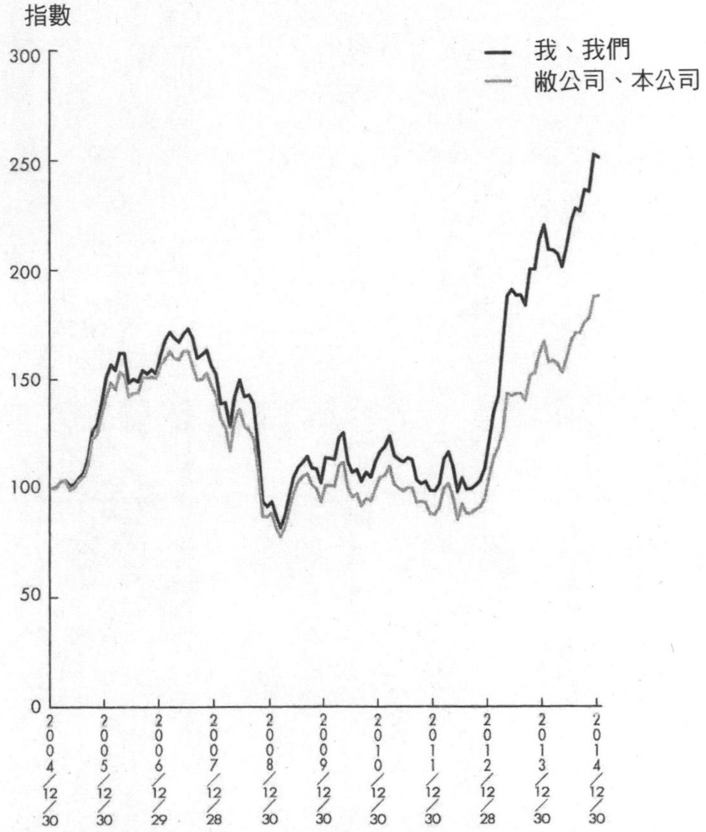

資料來源：根據 Rheos Capital Works 公司的調查。
本圖表的調查期間是 2004 年 12 月底至 2014 年 12 月底。調查 2014 年 6 月 30 日當天總市值前 200 名的公司中，老闆在官方網站致詞時使用的主語。以 2004 年 12 月底為 100，推算股價的變化。

基金經理人之眼04

（上接第六十一頁）沒有理念的投資，就是一種賭博。

我的意思並不是說投資有多高尚。但是，我認為展示出一條道路，能夠邁向即將到來、或是即將擁有的社會，是投資者的職責。（下接第九十一頁。）

法則16｜對時代氛圍不關心、沒興趣的老闆，會被淘汰

現在是資訊科技和網際網路的時代。只要有網路線，任何人都可以獲得全世界的資訊。但是，有些公司的老闆卻因為不懂3C，而完全生活在與時代隔絕的環境裡。地方都市的企業經營者尤其缺乏這種認知，難怪不少人都覺得，其他地區和大都會，例如東京的落差越來越大。

以前，LINE的前資深執行董事田端信太郎，在推特上的發言曾經引發民眾的批評。他在經營會議中詢問參加者，有沒有玩過時下最流行的《精靈寶可夢GO》（按：擴增實境類手機遊戲）時，發現竟然有七成至八成的人一次都沒有玩過。在震撼之餘，他就上推特發文表示：「身為一個生活者（按：透過消費讓生活更富足、追求自我實現的消費者），竟然沒有抱持一點健全的好奇心。」

這篇貼文引發正反兩極的評價。但是，我個人認為田端說得非常正確。當然，對經營者而言，玩《精靈寶可夢GO》不是什麼重要的事。但是，這款遊戲如此受歡迎，儼然形成一股社會現象，只要有智慧型手機，人人都可以下載玩玩看。

在這種狀況下，如果沒有一丁點好奇心：「想知道為什麼會這麼受歡迎。」「想知道現在流行什麼。」我必須說，這個老闆真的沒有身為經營者的自覺。而且只是玩一下，並不需要花上十幾個鐘頭，只是稍微接觸，就可以感受到不同的世界觀和時代氛圍。

這種狀況不是只有出現在這款遊戲上。例如，按一個鍵就可以訂購日常用品的「Amazon Dash Button」（即亞馬遜的一鍵下單購物鈕）也是個活生生的例子。這個產品在媒體上已經掀起了極大的話題，只要實際使用看看，就可以體驗現在最先進的物流業者，在提供什麼樣的服務。（按：Amazon Dash Button 已於二〇一九年三月停售。）

對於這種社會氛圍，如果經營高層依舊保持不知道、沒興趣的心態，投資者就可以認定，這家公司跟不上時代了。

基金經理人之眼05

（上接第八十八頁）當出現了如先前的川普政權這種變動因素，我們到底該如何應戰？有兩個方法，其一是，尋找不會受到川普這個變動因素影響的地方（市場）。另一個方法，則是支持擁有的「價值觀」不以川普馬首是瞻的企業和部門（Sector）。

當然，這並非兒戲，要這麼做，除了要有相當的實力之外，還必須能夠獲得顧客的支持。（下接第一〇六頁。）

法則17 常在社群網站上放與名人聚餐照片，要留意

經營者如果使用臉書、推特等社群網站，投資人就可以藉由他們上傳的照片和發布的文章了解他們。

例如，如果某個**經營者總是上傳一些和名人的合照**，或吃飯聚餐的照片，那就要留意了。因為這個舉動顯示，他想放大、彰顯自己；**這會讓人覺得他並不想以真實面貌示人，是個不正直的人**。簡單來說，會讓自己的社群網站流露出這種氣氛，就表示使用者是個不夠謹慎的人。

另外，有不少人會在臉書上寫一些令人覺得很極端的意見，但是實際和寫這種文章的人見上一面後，卻發現他們看起來極為普通、就像一般人一樣。

碰到這種情形，我會認定我實際見到這個人時，他當下的人格是虛偽、不真實的，而在臉書上的人格才是真正的他。因為我認為，發表在社群網路

的文章，才是這個人自然流露真性情的作品。

我在拜訪某位經營者之前，如果知道對方會上臉書或推特，就會先上網去看一下。如果想先了解這個經營者有著什麼樣的個性，社群網站就是很重要的工具。個人投資者也可以運用這個方法。

建議個人投資者，不妨**持續觀察經營者的臉書、推特一段時間**，如此一來，就可以知道該名經營者重視什麼。如果看到這個人對某個訊息「按讚」或分享出去，就知道他關心例如人權問題、性別歧視等問題。又例如，從這個老闆在臉書上交什麼樣的朋友、關心什麼事，也可以看得出他建構人際關係的方法。

順帶一提，我自己也常使用臉書、推特等社群網站。我在這些社群網站上發表文章時，不會只寫積極、正面的話。因為一直閱讀積極、正向的文章，不但容易讓人倦怠，還很難產生共鳴。我發表的貼文中，大概有七成至八成的內容是比較積極、正面的，但有時候還是會毒舌一番。

不過，也不需要刻意這麼做。總而言之，在社群網站上炫耀或貶低自己都不恰當，還是盡可能呈現真實的自己吧！

但是，實際使用這些社群網路平臺時，我覺得很難運用得恰如其分。發表貼文時，除了要注意文章的內容和評論，是否能夠讓閱讀者感受到它的附加價值之外，還要留意遣詞用字是否會傷害別人、是否會違反規定等，真的非常不簡單。

說到這一點，我就很佩服能得心應手利用社群網站的經營者。例如，我先前提過軟銀集團的孫正義，他有一段時間經常使用推特。從他的話語中，我看見他用心傾聽他人心聲的態度，所以才對他抱持好印象。而且，就算碰到**網友的言詞批評，他也一樣冷靜**，絕對不會感情用事。

另外，我認為孫正義的「自虐梗」也是一大傑作。他有一句名言是：「髮線沒有一直後退，我也正不斷前進。」能夠寫出這種幽默又不傷人的推特貼文，我認為真的非常了不起。

從社群網站，看見社會脈動

關於社群網站，我要再補充一點。我建議個人投資者，也要經常上社群網站關注許多人，閱讀很多文章。

我在社群網站上，除了看名人的貼文外，也看一般人寫的文章。因為我認為要進入基金市場，了解人是非常重要的。「現在，社會上是什麼氛圍？」「是樂觀的，還是不安的？」「人們在生氣什麼？在高興什麼？」能夠看得越清楚，成為成功投資者的機率就越高。

人本來就是活在「主觀牢籠」中的動物。主觀和偏見就像是一道過濾網，因為我們只能透過這層濾網看事物，所以眼睛絕不會停留在毫不關心的事物上。例如，喜歡時尚的人，會仔細觀察對方的服飾，會記得對方穿過什麼樣的鞋子；但是，對時尚不感興趣的人，就完全記不住對方穿過什麼鞋。

照理說，人是無法走出主觀牢籠的，但是發揮自己的想像力，去了解什麼樣的人，會有什麼樣的觀念與偏見，卻是有可能的。如果能知道其他人關心什麼，明白別人如何透過濾網看世界，就可以蒐集被自己的主觀濾網過濾掉的資訊。

像是「年紀四十多歲、住在長野的單親媽媽護理師」和「年紀三十多歲、住在東京、首次公開募股（ＩＰＯ，Initial Public Offerings）的男性經營者」，他們所看到的東西和想法，就一定截然不同。

閱讀別人的貼文時，不需要去判斷對或是錯，我們只是要了解各種不同的想法。也就是說，要不帶偏見、客觀的閱讀，如此就能夠慢慢掌握社會的脈動。

法則 18　記不住數字是個大問題

人都會變好，也會變糟。以下這件事是我們投資的企業經營者，來拜訪我們公司時所發生的。這位經營者以前兩眼炯炯有神，不論我們問什麼問題，他都能神采奕奕的對答如流。

但是，當我問他「現在總店數是多少」時，他竟然轉身問坐在旁邊的會計部經理說：「喂，有幾家店啊？」會計部經理回答：「總共是○○家。」接著我又問：「這一期有展店的計畫嗎？準備再開幾家店？」他又轉頭問會計部經理：「喂，要開幾家？」

這位經營者說，他從總公司所在的地方都市搬到東京來住，現在住在市中心的超高層華廈頂樓。我問他：「最近的娛樂是什麼？」他說：「帶狗在住家附近散步最快樂。」

只要進一步問公司生意方面的事情，他就開始抱怨：「現在的年輕人都不肯把錢花在『玩樂』上面，他們就是不來我們的店。」

這位經營者回去之後，我們立刻決定賣掉他們公司的股票。

像他這種生活方式，也是一種「漲停板」（接下來就是走下坡）。享受帶狗散步的樂趣當然逍遙自在，但是我可不想把錢投資在不知道總店數、展店狀況，又用調侃的口吻挖苦自己顧客的老闆身上。既然無意投資，不如考慮把錢轉給下一位挑戰者比較好。

壞老闆洗心革面時，就是投資的大好機會

當然，也有老闆是往好的方面改變。例如，前面曾提過的晴姿眼鏡公司總經理田中仁。晴姿剛上市時，田中給人的感覺是個「言行舉止讓人無法忍受的人」，所以我對他也沒什麼好印象。

之後，他的公司陷入危機，田中去拜會迅銷公司的董事長兼總經理柳井正。結果，在柳井正一番嚴厲的批評之下，讓他有了重新復活的契機。在這

個過程中，我聽分析師的意見表示：「總經理田中已經洗心革面，我覺得是買的時候了。」

那時，我的回答是：「一個人不可能這麼簡單就洗心革面。」那位分析師接著說：「藤野先生這樣的專家如果認為不行的話，我想大家也都會這麼認為吧。但是，我覺得田中真的改變了，這不也是個好機會嗎？不信的話，您親自走一趟、親眼看看，如何？」因為分析師的意見很中肯，所以我就前去與總經理田中仁會面。結果，當我看見田中堅定的暢談公司願景的姿態，讓我確實相信他真的改變了，所以我們決定投資。

如果長期觀察經營者，就會察覺有些人變好，也有人變糟。不過，大都是好老闆變壞老闆，反而壞老闆變好老闆的個案並不多。因此，當老闆洗心革面時，可以說是投資的大好機會。

有這麼一句話：「士別三日，刮目相看。」其實不管是男性還是女性，人碰到重大的變化時，都會有所改變。

如果不想錯過這些改變，我認為最重要的是先不要帶有偏見，其次則是縱使曾經認為這個人很糟糕，還是要繼續觀察下去。

法則19 「受雇的執行長」是一種風險

不管企業的經營者有多優秀，只要他是所謂的「受雇的執行長」，**就有被解聘的風險**，投資人必須有這層認知。

二〇一六年，提供線上食譜服務的「COOKPAD」，擁有四三％持股、既是創辦人，也是公司最大股東的佐野陽光和前總經理穐田譽輝，因為在經營方針上意見相左，演變成對立的關係。當時佐野提案，要求更換包括穐田在內的所有董事，結果穐田先生就被迫卸任了。

在進入COOKPAD之前，穐田先生是「價格.com」（按：Kakaku.com，經營比價網站的公司）的總經理。「價格.com」在他的經營下業績不斷成長。之後，穐田先生進入COOKPAD之後，也一樣將自己的經營才華發揮得淋漓盡致。我們認為他是個有能力的經營者，所以才投資COOKPAD。因此，當我們一獲知消息，知道佐野要向股東提案時，我們就立刻賣掉了COOKPAD所有的股票。穐田先生卸任的事，果然在市場上掀起一連串騷動，在一片負評的聲浪中，COOKPAD的股價應聲大跌。

如果**一家公司有兩位以上有能力的經營者一起領導公司時，要先評估他們是否會不和，則是投資的鐵則**。COOKPAD的案例，讓我們有了更深刻的體悟。

當然，對企業而言，解聘受雇的執行長，也未必全然不好。如果能夠換一個更優秀的經營者，就是投資的好機會。不過，投資人還是要記住，受雇的執行長和高層，隨時都有可能被迫下臺。

第2章
如何辨別不適合投資（與任職）的「壞企業」

法則20 把自傳當禮物送

接著，本章將會為各位介紹「辨別壞企業」的方法。這些不適合投資的恐怖企業，千萬別碰。

第一個法則是：「如果看到老闆本人的自傳，就要認為這家公司不會成長。」換句話說，如果往來企業的老闆把自己的自傳當禮物贈送，大家就要察覺這是一個危險的警訊。

本來，能夠當上總經理、老闆的人，都抱有強烈的欲望，希望能把自己的想法傳達給每一個人。所謂的企業經營，就是鼓舞員工、提升員工工作動機，爭取更多的顧客，為公司創造某種價值。公司就是經營者可以落實自己理念的地方。因此，一般來說，經營者都想要宣傳自己的想法，這也是非常自然的。

不過，出自傳這件事本身卻隱含著另一種暗示，那就是老闆滿足於世人過去給自己的評價。如果自己不覺得「已經達成目標」，故事就還未結束吧。也就是說，一個會揮筆寫自傳的人，恐怕是認為所有的挑戰已經結束，也無法再維持讓企業成長的動機了。另外，我對於老闆寫自傳還有一個疑問，就是如果有時間寫自傳，是不是應該要為企業的成長多貢獻些什麼。

如果看到一個老闆歡天喜地的到處贈送自己的自傳，就不禁讓人想到：「身為一個經營者，以公司事業為優先的程度，是不是降低了。」

最近，坊間出現了一種新生意，就是有人會主動上門，說服老闆自費出版自傳。有的老闆甚至還會加碼，把自傳繪製成漫畫。如果公司裡，有位興高采烈暢談自己過去辛酸史和成功故事的老闆，我絕不會想投資這家公司。

順帶一提，用同樣的觀點來看，如果有公司為現任的老闆立銅像，大家最好也提高警覺，這個動作可能表示：「這個老闆已滿足於自己的成果，成長意願低落。」

不過，這個法則並不是要否定所有經營者寫的書。例如，有不少具有名人身分的老闆，是透過他人記述，如經濟評論家、記者等出版評論傳記。雖然評論傳記、自傳都屬於傳記，但是這類的評傳就完全不適用這個法則。另外，我所寫的東西，不論是談哲學，或是談敝公司訊息、經營理念等，只要是和未來的志向有關的作品，也都請排除在這個法則之外。

基金經理人之眼06

（上接第九十一頁）總而言之，我認為，基金經理人的工作，就是用心思考該如何冷靜的處理各種狀況，如何守護顧客的資產，如何採取明確的行動，如何掌握反擊的機會，如何提升投資報酬率等環環相扣的事情。

「成為一個『質樸、踏實的企業集團』（不管狀況如何，都要爭取客戶的支持，並努力累積利潤的企業集團）」，是我們公司的核心價值觀。希望今後我們仍能一本初衷的實踐這個價值觀。

法則21　公司搬進奢華新大樓，往往之後走下坡

這是在投資人之間廣為流傳，而且都絕對相信的一個法則。這個法則就是：「公司遷入豪華新辦公大樓的時間點，大都是業績最好，或是股價最高，抑或是兩者皆高的時刻。」不論是建造新的辦公大樓，還是用租賃的方式進駐散發著銅臭味、蔚為話題的大樓，都適用這個法則。

興建新的辦公大樓或租用華麗的辦公室，都是經營者的一種心理投射。**如果經營者要靠公司喬遷來獲得成就感，就表示這家公司不會再繼續成長。**因此，一家公司蓋新的辦公大樓或是喬遷到新辦公室時，通常股價都會攀至最高峰，但是之後就失去了提升業績的動力。

就財務面來看也是如此。簡單來說，就是發展事業的資金，會因興建辦公大樓而從現金變成固定資產，導致財務戰略上失去原本該有的彈性。

另外，興建新的辦公大樓，也可說是一種不會產生附加價值的投資。如果把資金用來擴建工廠、廣告宣傳，或是併購其他企業，都可以讓資金快速回流並創造附加價值。如果再把時間拉長至五年到十年，因為興建新大樓會對企業資金造成很大的負擔，而且還無法創造附造價值，所以實在不能說是一項划算的投資。

更進一步來說，當一家企業因為積極投資事業而開始成長時，應該也沒有多餘的心思興建新辦公大樓。所以我認為興建大樓，幾乎不存在能獲得正面評價的要素。而且就算不是蓋新大樓，而是搬辦公室，也需要成本。

奢華的新辦公大樓，只會增加半調子的員工

我一提到「興建新辦公大樓或搬辦公室，不會創造附加價值」，也許會有人持反對意見表示：「遷入華麗的大樓，可以激勵員工士氣，讓員工更有幹勁。」

確實如此。如果只看表面的話，大家或許會覺得：「在這麼豪華的大樓

上班，員工似乎都煥然一新，工作更賣力了。」但是事實上，我幾乎從來沒聽說過，哪家公司的業績是在這種狀況下突飛猛進的。

我想原因在於員工的心態。員工會悠然自得的認為：「我們的公司穩如泰山。」只要這種想巴著公司不放的員工一增加，這家公司就不會再繼續成長了。

招募人才時，也有人會認為：「氣派的新辦公大樓，有利於網羅更多的人才。」其實，這是因為有更多人希望能在有最新設備的辦公室工作，而前來應徵，所以才更容易招募到員工。

的確，興建新辦公大樓之後，在招募新人時，應徵的人數會突然增加。但是，假設要錄取一百人，卻來了一千人的話，膨脹出來的九百位應徵者，他們來應徵的理由，通常是想在豪華的辦公室上班。在這種狀況下，我當然會認為他們的心態，是希望進入一家看起來好像不會倒的公司、平靜過日子，而不是希望能用自己的力量讓這家公司成長。

不管應徵者增加多少，如果人才的素質變差了，就不具任何意義。最後，為了刷掉這些應徵時多出來的苟安型員工，公司還得多浪費一筆成本。

事實上，只要仔觀察就會發現，大部分的個案中，「方便招聘」其實都是藉口，老闆本人虛榮心作祟、想遷入華麗的辦公大樓才是真的。

這個法則也適用於狀況相反的個案。把辦公室從華麗的大樓搬到破舊建築物的公司，極有可能就是投資者出手投資的時機。

乍看之下，大家或許會認為這是一種賭博。但是，會搬入破舊大樓，就表示這家公司已有置之死地而後生的決心，決定要發揮不屈不撓的精神努力提升業績，員工的危機意識也會提高。

當然，成長中的公司，因為員工人數增加，勢必就得搬家。換句話說，一家公司若是處在成長階段，搬家是合理的。但是在這個時候，我認為最重要的一點是：「所找的辦公室是否合乎自己公司的狀況。」

法則22　公司網站沒有老闆的照片，要特別注意！

我的公司在製作、檢討投資企業的報告時，都會把該公司網站上的老闆照片，貼在報告的封面上。因為我們把老闆的照片，視為「該經營者會在網站上公布訊息」的重要因素。

我們這麼做，並不是要看老闆長得帥不帥、美不美，而是要看公司網站上是否放上老闆的照片，**這個老闆是擺出什麼樣的姿態拍照、照片給人的感覺好不好、照片中呈現出什麼樣的個性等**。

即使是上市上櫃的公司，也沒有明文規定公司官網上一定要放經營者的照片。所以要不要放照片，是各公司的自由。不過，是否有放照片，又放了什麼樣的照片等，都是重要的線索。

一般來說，股票上市的大型企業，他們的官網上大都會有經營者的照片。

但是，在東證二部（按：指東京證券交易所第二部，交易的股票以中小企業為主）掛牌的企業和新興企業，還是有不少公司不放經營者的照片。這也是檢視的一個重點。

左頁的圖表，是依據中小型企業（總市值一百億日圓至一千億日圓〔按：約新臺幣二十七億元至兩百七十億元〕的企業）的官網上是否放了經營者的照片，來看這兩種公司股價的變化。和群組的平均值比較，就知道官網上有放照片的話，比較接近平均值，但是**沒有放經營者照片的企業，股價的表現就明顯較差**。

在整理資料比較後，我們知道不放經營者照片的企業，有拒絕揭露資訊的傾向。

企業之所以不放照片，大都是因為一些見不得人的理由。例如，老闆是個花花公子，或是想避免老闆被人認出來。一般被稱作「黑心企業」的公司，都不會在官網上放經營者的照片。另外，如果過去經營高層曾發生過舞弊事件或遭到逮捕的公司，很多也都是在出事之前就不放照片了。

我拜訪企業經營者時，如果公司官網上沒有他的照片，我都會直接問：

網站上不放經營者照片的企業，股價表現比較差！

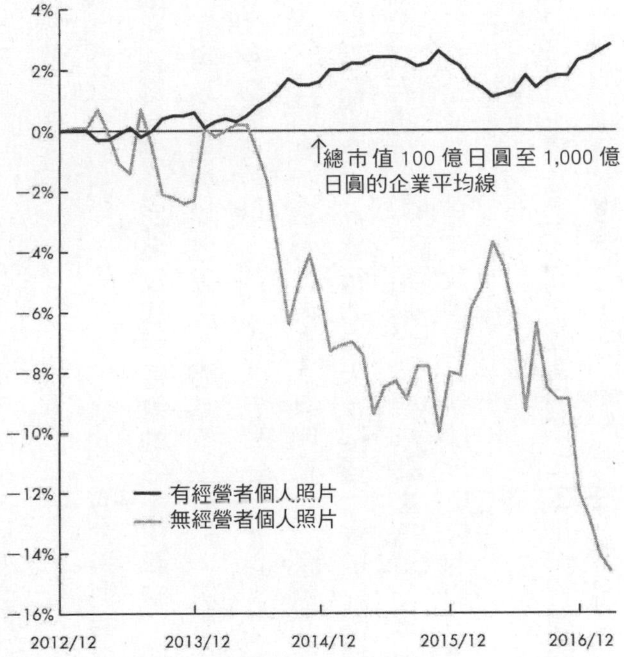

資料來源：amana 控股公司（amana holdings）、SMBC 日興證券協助，Rheos Capital Works 基金管理公司製作。
先從所有上市上櫃的企業中，鎖定總市值 100 億日圓至 1,000 億日圓的中小型企業作為調查的範圍，再把範圍裡的企業分成兩個群組，一個群組是官網上有經營者照片的企業，一個群組是官網上沒有經營者照片的企業。
最後再將這些企業的股價指數化後，比較單純平均。這是比較 2012 年 12 月底至 2017 年 3 月底的股價表現後製成的圖表。照片相關調查的時間點是 2017 年的 1 月（由 amana 控股公司調查）。

「為什麼不放照片？」不少人會當場語塞。他們之所以答不出來，應該是有難以啟齒的理由。

關於經營者的照片，除了藉由該公司的企業網站之外，建議大家也可以利用網路搜尋。**用公司名稱和經營者的名字搜尋時，如果是一般公司老闆的話，一定可以搜尋到某些照片**。因為不少活動，例如受訪、受邀演講等，經營者有太多的機會可以上鏡頭，而這些畫面通常都會上傳到網路。

不過，不管如何搜尋，有些人真的就是一張照片也沒有。在網路無遠弗屆、社群網路平臺如此盛行的今天，卻連一張照片都搜尋不到的經營者，很自然就會讓人聯想到，一定是當場要求禁止拍攝、禁止上傳，或是要求一定要刪除所有上傳的照片。我們可以想像，這種老闆一定心裡有鬼，所以應該要避免投資他的公司。

順帶一提，這是過去的一個案例：ＡＩＪ投資顧問公司（AIJ Investment Advisors CO., LTD.）的總經理曾把受企業委託運作、用作巨額退休金的資產，透過做假帳的方式，向投資人隱瞞實情，讓這些退休金消失，案發之後我立即上網搜尋他的照片，真的一張都找不到。

上網搜尋，檢視該公司受關注的程度

另外，用經營者的名字搜尋相關資訊，也是檢視該公司受關注度的一種方法。

通常，我們都可以在網路上找到一些報紙、雜誌的訪談和報導。如果完全找不到，應該就可以合理認為，這是一家不太受關注的公司。當然，完全沒有知名度的老闆，或許真的沒機會在一般人熟悉的媒體上曝光。但是，如果可以在貿易刊物、專業的網站或部落格中看到他們的蹤影，就沒有問題。

不過，在評斷一家企業時，我認為大家**不需要太重視由包括部落格在內的第三人所寫的報導**。因為受關注度高的老闆，通常都是毀譽參半的。要在這些平臺上罵人、毀謗人，其實也非常容易。

如果看的人不夠理智的話，就會跟著那些沒有評鑑企業眼光的人起舞。要是把網路上的報導或別人的文章全都當真的話，自己的判斷就會被別人牽著走。

要看的不是文章內容，而是文章的量和氣勢

參考股市資訊網站的討論區，也可以作為檢視企業受關注度的參考之一。不過，因為這是檢視關注程度的方法，所以我們要看的不是文章的內容，而是文章的量和氣勢。換句話說，要從文章的數量、更新的頻率等，來推測這家企業是否受社會關注。

想投資某家企業時，就上討論區瞧一瞧。縱使是已經透過各種法則檢視，認定是值得投資的企業也不例外。如果這家公司的股票在討論區**討論得沸沸揚揚，就表示股價可能已經漲到一個階段了**。反過來說，如果**在討論區的討論很冷清，或許反而才是投資的機會**。

我在考量是否要投資一家新公司時，一定會上網去確認以上的事項。在此也提供給大家參考。

法則23　規定要換穿拖鞋的公司，通常不賺錢

有些公司規定，員工在公司裡一定要脫下自己的鞋子、換穿室內拖鞋。根據我個人的經驗法則，投資這種公司，通常不會獲利，大家一定要注意。

在〈前言〉中，我已經稍微提過了。這個法則刊登在《朝日新聞》的「天聲人語」專欄之後，引起了讀者反駁的聲浪，他們紛紛表示：「我們公司也要換穿拖鞋，難道不行嗎？」

當然，許多在室內要換穿拖鞋的公司，也是極為優秀的。在鄰近半導體工廠的總公司，以及食品、醫療等研究所，一般來說都會換穿拖鞋。公司若是位於降雪量大的地區，一到公司就要先拍掉雪、脫下鞋子，再換穿拖鞋，這也是理所當然的情況。

事實上，我會用拖鞋法則來探討問題，是要弄清楚以下兩點：「換穿拖

鞋的規定背後，是否具有什麼樣的精神？」「換穿拖鞋是否合理？」

通常，經營者的心態都會反映在企業的習慣上。如果他們下意識的認為：「公司就是家。」就是一種不好的家族企業心態。由這種經營者營運的公司，會有一種鎖國、封閉的氛圍，好像公司外的人都不得自由出入似的。

總而言之，要分辨換穿拖鞋的公司到底是好是壞，得用「此措施**是否基於合理的邏輯而存在**」此一觀點來檢視。

法則24　老闆的辦公室擺滿獎盃和名畫，最好別投資他的公司

拜訪企業時，只要一踏進經營者的辦公室，就可以感受到他所抱持的價值觀和思考模式。各位如果有機會進入往來企業老闆的辦公室，請務必仔細觀察。

如果辦公室過大又過於豪華，這家企業成長的可能性就不高。最近，會擺設豪華辦公家具的公司似乎變少了。但是有些公司裡，還是可以看得到高聳的**觀葉植物、動物標本、名畫家的畫作、高級洋酒、高爾夫球桿、獎盃、與名人的合照等。如果老闆的辦公室裡有兩項以上上述的陳設，就可以直接判定這家企業出局**。

以前，曾經有一家現已破產的英語會話學校營運公司，當我進入它的總經理辦公室時，辦公室裡鋪著長毛絨地毯，小酒吧的架子上放著高級洋酒，

還有一排穿著過分性感的女性工作人員。看過這間辦公室後，我心裡就想：「這家公司完蛋了。在這裡工作的員工好可憐。」

大原則是公私不能混為一談

本來，經營公司就不需要豪華辦公室。如果豪華的辦公家具，只是為了迎合老闆的興趣，或滿足老闆個人的自尊心而擺放，對公司的成長而言，並沒有加分的作用。在事業上勇往直前的老闆，應該會優先選擇簡樸、方便使用的地方，作為工作的場所。

當然，如果老闆對於某種興趣或藝術的領域情有獨鍾，而且造詣很深的話，其實也不是件壞事。所以為了個人的興趣掛名畫、擺骨董、買高級的酒也無妨。但既然是個人的興趣，就應該用自己的錢購買。如果是挪用公司的錢來買，我就不得不說，這會影響員工和股東的利益。此外，如果是用個人的錢購買的話，東西還是應該放在家裡、自己欣賞為宜。

對日本經濟而言，有錢的人勇於消費，是一件可喜的事。例如，花一百萬日圓（按：約新臺幣二十七萬元）購買漆器、屛風，就可以守護傳統工藝；蒐集高級的名酒，就可以嘉惠美酒製造商。

因此，我不認為企業經營者就應該過著清貧的日子。不過，為了個人的嗜好、興趣花錢時，大前提還是要避免公私不分。

基金經理人之眼07

齋藤篤是日本創投業界的創辦人之一，也是我的心靈導師。事實上，我就曾在法政大學的研究所上過他的課。

我至今仍然忘不了齋藤說過的一句話：「不要投資和自己調性不合的企業！」

法則25 公司是否有元老級幹部，是辨別黑心企業的一大重點

如果要認真思考「何謂好公司」，就會知道這個問題真的很難回答。

從員工的立場選擇好公司，或許就是工作輕鬆、薪水優渥、福利好，又不會裁員的公司。有些人甚至會覺得，可以任意使用經費、考勤管理鬆懈的公司，比較「好過日子」。

員工的工作雖然輕鬆，但如果相對於工作的內容，所支付的薪水並不划算，或者養了一批士氣低落的員工的話，這家公司是沒有未來的。如果一家公司裡全都是想打混的員工，就無法期待會有所成長。而且，不僅公司不會成長，連員工個人也不會成長。

在這樣的環境裡，眼前雖然可以輕鬆打混，但是對於希望能長期為公司效力的人而言，卻是壞公司。這種公司就算哪天倒閉了，也不足為奇。這個

時候才慌張已經太慢了，沒有能力換工作的人，就只能流浪街頭。

真正的好公司，是能夠讓員工不認為自己是「社畜」（按：用以揶揄被公司「豢養」的上班族。大都形容沒有自己的信念和理想，只會順從公司的員工），而又能完全發揮自己能力的地方。對員工而言，這種公司會讓人覺得有嚴格的一面，但是，只要持續努力達到公司的期待，就有可能茁壯、成長為有職業水準的商務人才。

身為一個社會人，我相信各位都希望能成為人才，對公司有所貢獻，甚至是發揮重要的功能，讓企業也能對社會有所貢獻。

如何看出嚴格的好公司和黑心企業有什麼不同

這幾年，大家對黑心企業這個名詞應該不陌生，尤其是年輕人。年輕人求職的時候，都一定會先上網，輸入企業的名稱和相關的關鍵字，看一看這家企業在網路上的風評如何。

過去，所謂的黑心企業，是指背後有反社會勢力的公司。但是現在，我們所謂的黑心企業，則是**泛指會強迫員工長時間超時工作、利用職權騷擾下屬的公司**。現在大家對這種企業都已有警戒心，都不希望在這種環境下工作。

不過，有些時候，也有企業明明非常好，卻因為嚴格而被抹黑為黑心企業。因此，到底是好公司還是蹂躪人權的黑心企業，一定要細心分辨清楚，不能只看網路上的評語。

分辨的重點之一，就是董事的經歷。如果這家公司有很多元老級的幹部，而且還擔任董事一職的話，就可以說這家公司值得信賴。反之，如果這家公司**幾乎沒有元老級的員工，就極有可能是黑心企業**。

另外，員工流動率很高、管理職頻繁離職的公司，也應合理懷疑是黑心企業。員工之所以會一個接一個辭職，表示內部一定長期存在著不合理的規定、違法超時工作等問題。還有，管理職之所以會立刻辭去工作，或許就像喧騰一時的「名義上的店長」（按：讓員工掛店長頭銜，公司便宣稱因為是管理職，故不支付加班費）一樣，是公司名義上讓人升官、空有頭銜，事實上卻是在規避支付加班費的結果。

我再重申一次，對員工非常嚴格的好公司是存在的。從一個工作者的觀點來看，只要這家公司能符合「員工士氣高昂、離職率低」、「公司的願景明確，而且社內、社外皆知」這兩點，就是能讓人成長的理想職場，同時也是值得投資的企業。希望各位不要被一些可疑的怪異資訊給混淆了。

法則26 如果老闆的座車是高級進口車，就要懷疑他的公司有問題

和豪華的老闆辦公室一樣，經營企業也不需要豪華的轎車。

有不少經營者會乘坐高級進口車到處跑。但是從日本文化的角度來看，這種行為只會讓人產生反感，會認為：「賺錢是你家的事，無需故意炫富。」所以高級進口車對於經營而言，並沒有加分的作用。

而且，如果高級進口車是以公司的名義購買的，還會讓人聯想到這家公司的資金運用方法是否得當。老闆因個人興趣乘坐高級進口車無可厚非，但如果是這種狀況，**老闆就應該用自己的錢來買車**。

我曾經連續拜訪過兩家公司，並適時將這個法則，套用在他們身上。

A公司的老闆擁有很多當地各種團體的頭銜，例如扶輪社等。他一見到我，就一一遞上這些團體的名片，我們談話的內容，也大半都是和公司外部

活動有關的話題。順帶一提，近年來，這類型的經營者雖然減少了，但是只要碰到**熱衷扶輪社等外部活動，而且希望擁有那些頭銜的經營者，我就會懷疑他的公司或許已經不行了**。

舉例來說，A公司的工廠十分破舊，但是老闆的辦公室卻閃閃發亮，高級進口車就停在車庫裡。我看到司機用雞毛撣子在清除車子上的灰塵，就直覺這家公司完蛋了。果然不出所料，我拜訪後沒多久，A公司的股價就應聲大跌了。

另外一家B公司，我去拜訪時，老闆親自開車到車站來接我。那是一輛年代相當久遠的舊款廂型車。聽說他就是開著這輛車四處奔走。

抵達總公司後，映入眼簾的是不起眼的建築物和老闆簡陋的辦公室，但是廠內卻擺放著一部部最新型的生產設備。訪談中，老闆對經營的熱誠，更是讓我感動不已。

之後，B公司的成長遠超過我的預期。A公司的大名我就不提了，至於B公司，就是日本陶瓷（NIPPON CERAMIC）。

法則27 董事過多、聘請顧問的公司，沒有未來！

在調查企業時，絕對不能忽視董事會的結構。

首先，以全體員工人數為分母，董事人數為分子來計算比率。如果計算出來的數字偏高，就可懷疑這家公司的體質，是否出了什麼問題。這是業界常用的一個方法。如果想比較的話，可以看一看其他同業所計算出來的比率。

公司裡有很多董事，表示職稱、頭銜在這家公司很管用，所以有許多重視職銜的人。在日本社會，只要有頭銜，一般人就會認為：「這個人有來頭，可以相信。」所以有不少人會盲目聽從這個人說的話。如果沒有受過這方面的專業訓練，在重要的場合，真的很容易誤判。

公司如果盡是被頭銜、職稱蒙蔽了雙眼的人，未來不會有什麼成長空間。一家公司如果有透明、公正的考核制度，應該不需要這麼多擁有頭銜的人。

順帶一提，這種趨勢以醫療業、營建業和金融相關行業最為明顯。因為這幾個行業都是「看職銜說話的世界」。做生意時，如果往來的客戶重視頭銜，公司勢必就得增加主要幹部的人數。如此一來，公司裡就會看見一大堆幹部。

這幾個業界會出現董事或幹部過多的現象，或許可說是情勢不得不如此。但是，如果整個業界都有這種趨勢的話，或許就很難正確評價公司的事業內容和實力。

投資人可以從公司是否設「顧問」一職，推測企業未來成長的可能性。顧問一職原本就沒有法律根據，也不會出現在證券報告書（Securities report）中。因此，公司聘請多少位顧問，都不會揭露在任何公開的文件上。雖然有些顧問對公司的營運，確實有舉足輕重的影響力，但他們既不是股東，也不是由股東大會任命，所以就公司法而言，他們無需承擔任何法律上的責任，而且股東也無權趕走他們。

有些顧問的職位純粹只是酬庸性質，公司卻得花大錢讓他們坐領乾薪。如果一直付薪水給這些毫無建樹的人，對公司而言是莫大的損失。另外，有的人雖然卸下了顧問一職，卻仍然擁有莫大的影響力。他們的退而不休，也會剝奪企業的活力。總而言之，顧問一職是阻礙公司成長的主因之一。

一般來說，快速成長型的公司都很年輕，所以不會花心思去找顧問，也沒有必要設置顧問一職。但是，歷史悠久的大企業，就擁有很多形形色色的顧問。**說得難聽一點，這些人就是靠吸取大樹的血活命的寄生蟲。**投資人最好不要期待這種公司今後會繼續成長。

法則28　櫃臺小姐「太美麗」？

有人說：「由美女擔任櫃臺小姐的，就是好公司。」但是，如果投資人真的了解企業的本質的話，就知道這樣的判斷並不正確。

人的美醜本來就和工作能力沒什麼關聯。因此，一家公司如果很明顯的只讓美女擔任櫃臺小姐的話，就表示在應徵的階段，並沒有制定合理、公正的徵才基準。換句話說，看到櫃臺站著一整排美女時，投資人就必須對經營者的心態有所質疑。投資人可以大膽推測，這是一家只重外貌且公私不分的公司。不用能力、而用外貌來考核女性員工，一定會影響公司經營。

另外，如果招待客戶時，會到由女性招待客人的店或日本料理店，這種公司也有問題。為了宣傳自己的公司，有時也會請基金經理人吃飯，但是，對自己的事業有自信的公司，其實不需要這麼做。如果真的想討投資人的歡心，不如坦誠揭露公司的資訊，努力提升利潤。

基金經理人之眼08

恐慌有時會襲擊市場。房地產泡沫化、阪神淡路大地震、東京地鐵沙林毒氣事件、亞洲金融風暴、三洋證券、山一證券、北海道拓殖銀行倒閉（按：這三家大型金融機構相繼在一九九七年十一月倒閉，使日本面臨金融危機）、資訊科技產業泡沫化、美國多起恐怖攻擊事件、兩伊戰爭、雷曼兄弟事件、三一一大地震、希臘破產、中國震撼（按：中國在二〇一〇年後因為景氣失速的疑慮和政策變更等，導致人民幣急貶、股價滑落，影響遍及各國金融市場，引發混亂的現象）……。

每一次都讓人以為世界末日要來了，雷曼兄弟事件尤其嚴重。但是，投資者們一定能重新站起來，最重要的就是不要慌張。建議投資人可適當選擇一些跌幅已深，或已經挺過風暴的股票。自己的恐慌是對別人的讚美，別人的恐慌是給自己的讚美，可好好掌握危機入市的選股邏輯。

法則29　明明是大晴天，傘架裡卻都是傘

拜訪公司時，我會特別留意傘架。如果明明是大晴天，可是這家公司的傘架裡卻放滿了雨傘的話，我會認為這家公司的員工，對自己的工作沒什麼熱情。會把雨傘扔在傘架裡不管，並不單純只是反映員工的散漫。我個人認為，這是因為公司有不注重細節的老闆和主管，所以員工未獲得完善的教育訓練，才會有樣學樣。

而且，如果員工真的愛公司的話，應該也會一併關注公共空間。員工之所以會認為「傘架有沒有整理，和自己無關」，是因為想為公司貢獻一己之力的意願很低。公司裡如果有很多這樣的員工，成長力一定低落。

法則30 影印機周邊和廁所髒亂的公司，投資下去後一定賠錢

如果有機會拜訪其他公司，我一定會借用洗手間。

廁所、員工辦公桌、工廠的整潔，都是企管顧問公司嚴格指導的重點。事實上，以生產力而言，在這方面做得好與做不好的企業，就有很大的差異。

因為有些公司是把清潔工作委外處理，所以不能只看到廁所乾淨就放心了。如果看到環境髒亂，就如同前一項的傘架法則一樣，還是要合理懷疑員工是否缺乏公德心，不把公司當一回事。

另外，如果有機會的話，我還會看看影印機周邊的狀況。一般來說，影印機大都會放在房間的走道一側，走向會議室時，就可以順便檢視。影印機是很多人輪流使用的機器。因此，如果員工覺得凡事都有別人善後、事不關己，影印機的四周就會堆滿影印紙的包裝紙，或印錯的紙張。

看到這種狀況，我就會推測這家公司對員工的教育訓練做得不夠周全，或是員工不愛自己的公司。而且就資料管理方面來說，任由印刷了商業文件的紙張隨意丟置，遲早會出大問題。

影印機的周邊，只要稍不留神，馬上就會變得雜亂無章。所以如果這個區域收拾得非常整潔，就表示這家公司的員工具備徹底清潔的概念。我認為，光憑這一點，就可以為企業加分。

法則31 會議室的鐘如果誤差超過五分鐘

拜訪公司時，如果會議室等場所掛有時鐘的話，我一定會看看時鐘的時間是否準確，如果有五分鐘以上的誤差，就要特別留意了。

時鐘會有誤差的原因，不外乎就是看時鐘的員工沒有發現，或是發現了卻**認為這不是自己的問題，而沒有修正**。

如果是員工沒有發現，就表示沒有守時的基本觀念，而且做任何事情都很鬆散。如果是發現了卻沒有修正，就表示員工做任何事情都不會自動自發，時鐘其實只是冰山一角。出入公司內部公共區域的人，大家竟然都沒有發現，或發現了卻放著不管，顯而易見，這家公司的文化有問題。

如果所有的員工都是一個命令一個動作，不會主動思考該為公司做些什麼，那麼這家公司絕對不可能會持續成長。

除了時鐘，月曆也是檢視的重點之一。如果月曆上的日期過了，卻沒有翻頁，就表示員工的態度有問題。如果只差一天，可以視為一時的疏忽；如果差兩天，投資人就要警惕了；如果差了十天以上，就不要投資這家公司。

這個法則就如同法則29和法則30一樣，確認是否好好整頓公司內的環境、基本的工作環境是否發揮功能，是評斷員工工作態度的一大重點。

法則32　公司會議室如果沒有白板，開會氣氛一定很悶

開會時，員工可以自由陳述意見的公司，會議室裡一定有白板。我拜訪過形形色色的企業，幾乎所有企業的會議室，牆上都掛有白板，有的甚至還不只掛一片。

如果會議室沒有白板，就表示這家公司的會議室只是「傳達高層旨意」的場所，來開會的人只需要讀所發的資料。在評定企業時，這種狀況一定會扣分。

當然，如果參與會議的人只有少數幾位，可以用紙張來代替白板。但是，當人數多到某個程度，而且必須交換意見、互相討論時，如果少了白板，就很難彙整大家的看法。

公司外部的人，想要推測這家公司的員工是否會主動、熱情的參與討論，

那麼其中一個方法，就是檢視會議室有沒有白板。我個人認為，這個法則可以讓投資人有意外的關鍵收穫。

基金經理人之眼 09

前些日子參加一個聚會。有位客人問我一個問題：「招募職員時，什麼最重要？」

我的答案是人格、人品。例如，有一位應徵者人品差，但能力高；另一位應徵者人品好，但能力差，我絕對會選後者。我的答案讓這位客人大吃一驚。（下接第一四五頁）

法則33 強制要求員工做體操

法則23「規定要換穿拖鞋的公司，通常不賺錢」，是一個用來檢視企業的規定，是否合乎邏輯的法則。本節提到的內容和法則23有異曲同工之妙，就是「強制要求員工做體操的公司，通常不會賺錢」。

當然，並不是所有讓員工做體操的公司都很糟糕。尤其是員工人數只有二十個人左右的中小企業和工廠，若是基於安全考量和業務活動前的暖身需求，那麼要求員工做體操是合理的。

但是，規模比較大的公司，或工作現場並非是工廠的行業，如果刻意要所有員工在同一時間集合做體操，那就不合理了。

要求員工團結、期望在管理上發揮效果，而強制全體員工做體操，其實非常不合時宜。這個法則除了顯示，這是一家無法順應時代潮流的公司之外，還會讓投資者人認定，這家公司並未營造出自由的環境，可讓員工提出批判意見。

從這一點來推論，這種公司一定還有其他很多不合理的規定。就管理層面而言，強制要求做體操，可說是證明了即便公司有不合理的地方，也沒有修正的能力。

最近這幾年，會強迫員工做體操的公司，雖然已經明顯減少了許多，但是投資人還是要懂得運用拖鞋法則和體操法則，來檢視一家企業的規定和措施，是否合乎邏輯。

投資人在選擇投資標的時，一定要慎重分辨清楚，這家公司會不會強迫員工做不合理之事，或是對不符合邏輯的規定，竟然毫無察覺。

法則34 用職稱互相稱呼的公司，跟不上時代的腳步！

有不少公司，同仁之間會用職稱來稱呼彼此，例如「〇〇經理」、「〇〇課長」，這代表這家公司不會出現「以下犯上」的狀況。換言之，這家公司視年功序列（按：年齡或年資越高，地位和薪水也隨之提升的制度）為理所當然，公司既不會降某個人的級，也不會讓部屬跳過上司晉升。

如果一家公司經常會出現下屬挑戰上司的情形，同仁之間應該就不會用職稱來稱呼彼此。昨天還是經理的人，今天突然被降為課長時，如果周遭的人改變了稱呼的方式，這個人一定會備感屈辱。當部屬被擢升為自己的主管時，如果要用新的職稱來稱呼過去的部屬，相信任何人都會感到抗拒。

一家公司之所以會一直都用職稱來稱呼，表示年功序列的觀念在公司內部已經根深柢固。換句話說，該公司的人資部門，不會用績效和工作成果來考核員工。

順帶一提，職稱也會影響員工的用詞遣字。如果公司嚴格規範上下關係和組織內的位子，說話時就必須小心翼翼、配合內部的組織結構和自己的職權。簡單來說，就是說話時的用詞遣字，一定要符合自己在公司內的身分和地位。據說某大型銀行中，有些人就是依據對方出身的資料——像是「這個人是從○○銀行過來的，曾經是某分行的經理……」——來改變自己說話的口氣，因而平步青雲。

然而，如果公司規定同仁之間必須用職稱稱呼，勢必會讓員工習慣看人做事，而忽略了以客為尊。如果讓這些在公司內擅於交際、又有政治手腕的人進入經營團隊，就不可能期待這家公司會繼續成長。

針對這一點，我認為最好的方法就是捨去職稱、一律在姓之後加「先生、小姐」來稱呼，這種做法可以讓公司的工作氣氛更圓融。建議職場內上下關係不那麼分明的公司可以這麼做。事實上，在外商企業，就沒有人用職稱、頭銜來稱呼同仁。

法則35 稱女性員工爲「這個女生」，這種公司不會善用人才

關於員工的稱呼，還有一點要檢視，就是「女孩子」這個詞。我和老闆、幹部或擔任管理職的人說話時，有些人會指著女性員工說：「我們公司的女生……。」這表示說話者不把女性員工當專業人才看待。

近年來，「女性一樣可以勝任男性的工作」已是普遍的共識。但事實上，在不少職場仍有性別上的差別待遇，就更不用說高層領導者沒有善用女性才能的觀念了。

不過，有時用「女生、妹妹」來稱呼女員工，其實並沒有蔑視的意義。例如，稱年輕的女性從業人員為「我們家這個女孩子……」，就是用關愛、守護的心情來說這個詞的。

因此，不要只聽到「女孩子」、「女生」幾個字，就馬上認為是不好的，一定要從談話的前後內容和說話者的口氣，來判斷這個人是否真的蔑視女性，還是出自於一番關懷。（不過，建議各位讀者，還是盡量不要用「女孩子」這類稱呼。否則，員工對於你的評價一定會降低，尤其是來自女性員工的批評，會格外嚴厲。）

基金經理人之眼10

（上接第一三九頁）但絕對是如此。因為前者（人品差、能力高的員工）或許會破壞公司，而任用後者（人品好、能力差的員工），只是不會發生任何事。要是真的有個萬一，人品好的員工，或許還能影響其他員工往好的方向走。工作技巧可以改善，但是人品是無法改善的。

總而言之，如何讓心術不正的人離開公司，或阻止邪惡的人進入公司，這一點非常重要。因為這樣的人，只會讓公司越來越糟。

法則36 辦公室氣氛因老闆在或不在而秒變，員工心思都用在表演效忠

拜訪企業時，我發現有些公司只要老闆一進來，整間辦公室的氣氛就會瞬間改變。雖然員工在意老闆是天經地義的事，但如果過分在意，就得要注意了。

例如，當我和老闆說話時，一旁的員工只顧著記錄老闆說的話，而不記錄我說的話。只認真聽老闆說話，卻完全不關心訪客說什麼，這種態度就會被解讀為眼裡只有公司裡的長官，卻完全不關心外來的訪客和投資人。

同樣的，員工在外人面前，對公司老闆過度使用敬語（過於畢恭畢敬），也是一種不好的訊號。說話要恭敬是沒錯，但是不顧及訪客的心情，只是一味絞盡腦汁，要向老闆表達忠誠的話，只會讓人覺得，這家公司的員工對公司外的事情毫無興趣。

法則37　沒幾位女性擔任主要幹部，這種企業獲利能力差

據說，夫妻一起購屋時，主導者通常都是女主人。除了買房子之外，消費時在購物的決定上，女性也會比男性還要強烈。而Ｂ２Ｃ（按：Business to Customer，指企業對消費者）企業的主客群更是以女性為主。

但是，日本的企業幾乎不把女性的意見反映在生意上。企業的董事清一色都是男性，就算該企業的商品和服務是以女性客群為主，也幾乎看不到女性董事的蹤影。

近年來，社會都呼籲要善用女性的力量。如果真的有心汲取女性顧客的意見，就應該積極重用女性。無法做到這一點的公司，將很難突破成長瓶頸。

在這裡，我們透過資料來看，積極重用女性的企業，和不積極重用女性的企業，在股價上有什麼差別。下頁的圖表是二〇一六年七月時，女性董事

女性董事的比例在 10%以上的企業，表現亮眼！

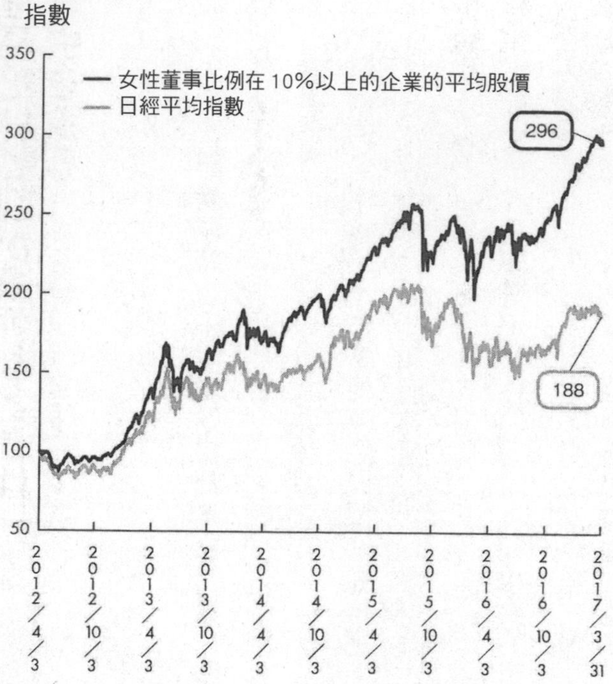

資料來源：大和證券協助，Rheos Capital Works 公司製作。
先把 565 家（篩選時間為 2016 年 7 月 31 日，選自東洋經濟新報社發行的《役員四季報》2017 年版。「董事」包括取締役〔決策董事〕、監查人、執行役〔執行董事〕）企業中，將女性董事比例在 10%以上的企業，股價指數化之後取平均值，再和日經平均指數比較。以 2012 年 3 月底設為 100，推算至 2017 年 3 月底為止，共 5 年間的股價變化。

占整體董事一〇%以上的企業群組股價變化，與日經平均指數比較後製成的圖表。從這張圖表就知道，**女性董事比較多的企業，不論是股價或業績的表現都比較出色**。在過去的五年裡，有的甚至差了一・五倍之多。這表示公司的股價和業績，與是否重用女性，有極為密切的關係。

基金經理人之眼11

在國外，就可以見到很多女性的同業。不論是分析師還是基金經理人，很多都是女性，而且每一位都非常優秀。有不少人還是基金公司的負責人，或是巨額基金的操盤者。

亞洲、歐洲、美國都是如此。唯獨只有日本少得可憐。原因何在？

（下接第一六九頁。）

法則38 只有老闆的名片很豪華，要深究其中的原因

員工的名片上充滿各種資訊。交換名片時，我會把對方的名片當成是企業的門面、小心翼翼的收下來。然後，再仔細看看這是張什麼樣的名片。

假設名片的紙質很差又很薄，或是背面是空白的，我會覺得：「這家公司對於成本一定非常計較。」如果這張名片沒有任何特色，我會認為：「這家公司的老闆，或許是不太會對事物有所堅持的人。」雖然名片的好與壞沒有明確的基準，但只要仔細觀察，還是可以從一張名片看出企業文化、成本概念等各種面向。

如果全公司只有老闆一人使用厚紙、燙金的豪華版名片，我會稍微警戒一下。因為這表示，這個老闆在公司的地位是高高在上的。如果老闆希望自己和員工之間的關係零距離，名片的設計應該會相同。

不過，可不是一看到只有老闆使用豪華的名片，就馬上拒這家公司於千里之外，因為這還得考量該業界的習慣。有些老闆是因為不希望被客戶小看，才刻意印製氣派的名片。

到底是虛張聲勢，還是生意上真的需要，只要用心弄清楚，就可以從一張名片上，看到其他人看不到的公司樣貌。

法則39 不公開資訊的公司，是戴著上市面具的非上市公司

這幾年，企業揭露、公開資訊的環境，已有很大的改變。

一九九〇年代前半，當我還是菜鳥基金經理人時，會主動積極的拜訪基金管理公司、做好投資人關係服務的企業，大概只有索尼（SONY）和羅姆半導體公司（ROHM）等少數幾家。但是現在，企業拜訪基金管理公司，卻是理所當然的。

一年有將近一千家的企業，會來我們公司拜訪。因為我們的人力和時間有限，有時不得不回絕一些。

企業對於揭露資訊的心態之所以會改變，我認為有幾個原因。一是經濟長期不景氣；二是企業對日本型經營模式的省思；三是企業的思維模式已和國際接軌，知道應該要積極做好投資人關係服務。另外，就是籌措資金方法

的多樣化。以前企業只能向銀行借貸，但是現在除了銀行之外，企業也能透過發行股票、債券、從資本市場籌措資金。企業注意到如果要籌措資金，就必須和投資人交流溝通。

因此，揭露資訊成了改革經營的一大契機。基金管理公司會與眾多經營者面談，是評定企業的專家。聽取他們的意見，就如同擁有免費的諮詢顧問。

基於以上的考量，企業揭露公司資訊，可謂理所當然。在這種狀況下，幾乎不可能不公開資訊。但是，對於投資人關係，有不少公司還是不予理會。

二〇一七年，日本的上市企業約有三千六百家。其中的一千家，換句話說，將近每四家公司裡，就有一家公司沒有意願要揭露資訊。就算我們表達了「想拜訪貴公司」、「希望貴公司協助我們做企業調查」的請託，他們還是擺出一副嫌惡的面孔，對我們不理不睬。

這些企業上市股票的目的，並不是為了要籌措資金，而是只想獲得成為上市公司的好處，例如上市公司比較好徵才，公司知名度高、交易時比較有利，上市公司有利於員工申請房貸等，因此**即便公司股票不上漲，他們也覺得無所謂**，也沒有意願要買賣股票。換言之，這些企業就像是「戴著上市企業面具的非上市企業」。

坦白說，置股東權益於不顧的公司，實在不能說是好公司。揭露資訊是上市公司該負的社會責任，如果不想盡這份責任，就不應該上市。從另一層意義來說，這種公司也可說是非常不誠實，令人不得不懷疑，他們是否也輕視其他的社會責任。

法則40　財務報告突然變得清楚易懂，這公司可以投資

投資人到底該如何判斷，一家公司對投資人關係是否用心？進入該公司的官網檢視投資人關係的相關資訊，就是一個方法。除了有義務公布的財務報告摘要、有價證券報告之外，在投資人關係資訊裡，有時還可以看到一些**沒有義務公開、卻自願揭露的資訊**。

例如，年度報告書（按：針對投資人發行的會計年度財務報告和其他相關文件）。製作報告書的用心程度，就會因企業的不同而有差異。有的企業非常用心，有的卻不當一回事。

因此，我們公司會分工合作、檢視多家企業的年度報告書。有時會看日文和英文兩個版本的年度報告書、分量非常驚人，所以檢視年度報告書不但要花腦力，還得耗體力。除了內容之外，對於報告書的設計，我們也會設定

項目來評定。

我曾經擔任過「日經年度報告書獎」的評審。那時我就得卯足精神，看很多上市公司的年度報告書。會參加這個活動的企業，絕大多數都會精心製作。他們都相當有自信，相信能獲得評審的一致好評。

例如，在二〇一五年、二〇一六年，連續兩年獲得第二名的歐姆龍公司（OMRON）製作的年度報告書，就放了各類型員工的照片和專訪，非常別出心裁。從年度報告書就看得出來，歐姆龍是一家懂得珍惜員工的企業。

此外，投資人還要檢視財務報告的資料。通常這一類資料都會用 Power Point 軟體製作，所以不少公司製作的財報資料，都會出現字體不統一、設計不夠友善等難以閱讀的狀況。有些甚至還讓人看得一頭霧水、不知所云。設計的好壞雖然很難有客觀的基準，但是至少要讓個人投資者（散戶）看得懂。

順帶一提。如果持續觀察一家企業，有時會發現財務報告突然變得完整了。這時大都是該進場買進股票的時候。之所以會出現這種狀況，有可能是負責投資人關係業務的職員，換成了警覺性比較高的人，或是這家公司改變心態，想要公開資訊了。

現在很多公司都會把年度報告書放在官網上，供投資人瀏覽。其中有的公司還會加入經營者的相關影片等活潑的內容，讓瀏覽網站的訪客覺得，自己是在讀一本有趣的書。整體而言，進出口貿易公司大都會比較用心製作年度報告書。

例如，三菱商事在「投資者信息」和「公司情況」頁面上的資料就非常充實。「三菱商事圖書館」（MC Library）更透過影片來介紹公司，而且除了日文版，還有英文版、中文版、葡萄牙語版、西班牙語版等各種版本。從這份用心就可看出，三菱商事也非常重視國外的投資人。除此之外，在財報發表記者會、股東大會中，也都可以看得到三菱商事貼心製作的影片。

請大家一定要多上企業官網，去了解各企業對於揭露資訊的態度。

法則41 擁有多項事業、卻極少揭露分部資訊，這種股票不會漲！

如果企業的事業版圖涵蓋多項事業、多個國家，甚至是多個區域時，也會公布各事業、各國、各區域的資訊。我們稱這種資訊為「分部資訊」（Segment information）。

要不要公布分部資訊，由企業自行決定。首次公開募股時，如果企業有兩個以上的事業，證券公司一般都會引導企業揭露分部的資訊。但是上市之後，也可以減少要公布資訊的事業部門。

因此，就常會發生以下這種情況：「這家公司明明有五個事業，卻因為將五個事業總括成兩個事業來公布，讓投資人不了解各個事業的內容。」

企業不想讓競爭對手過於了解自己內部的狀況，所以不願意積極揭露資訊，我們能夠理解這種立場。但是，上市企業唯有讓資訊公開、透明，才能吸引更多人上網分析，並從中獲得籌措資金的機會。要加入自由、開放型的市場，卻又不願意公開資訊，投資人就會因此評斷，這是一家不值得信賴的公司。

原則上，如果希望投資人了解自己的公司，就應該積極的揭露資訊，讓企業和投資者之間，有適當的交流溝通管道。

總而言之，很少揭露分部資訊的公司，他們的股票不易上漲。

法則42 成交量低的公司，大都不熱衷揭露資訊，可能有寶

股票每天的成交量也是重要的指標。股價視業績而定，所以不容易上漲。但是，積極揭露資訊的話，就可以增加股票的成交量。換言之，成交量小的公司，可以試著努力公開資訊。

例如，只要在專業雜誌等媒體上，發布優惠股東、增加股息、公司預定購買自家股票等訊息，成交量就會立刻攀升。公司如果會把機構投資者和個人投資者都納入受惠範圍，一定能夠博得投資人的好感。但是，如前所述，只想獲得「上市公司好處」的企業，通常就不會關心股票的成交量。

不過，有些對揭露資訊稱不上積極的公司，基本上還是不錯。一直持續成長的公司，有時不揭露資訊，反而會更強大。

例如，我們在管理「Hifumi 投信」這檔基金之前，就一直投資的對象中，

有一家在東證二部上市的企業，叫做朝日印刷公司。

朝日印刷是一家專門印刷醫藥品包裝的公司。因為藥品的包裝袋、包裝盒上的資訊，都是具有風險性的資訊，所以印刷時必須遵守許多瑣碎的規則。換句話說，要印刷這類產品，必須具備相當的專業知識，所以競爭對手很難加入。

而且，醫藥品的包裝多為多品項的少量印刷，一般以大宗印刷為主的大型印刷公司通常都會敬而遠之，所以朝日印刷在這個領域，一直都能維持極高的市占率。另一方面，由於醫藥品的種類每年都會增加，所以包裝印刷的需求量也一直能穩定成長。

這家公司的股份持有者，大都是企業主的家族、公司的往來客戶、當地的銀行。由於股東的結構非常穩定，所以股價不會隨著業績或股票市場的波動而上下震盪。換言之，朝日印刷的股票在股市的買賣並不熱絡。

但是，對我們這些投資人而言，這種股票也有討喜的地方。因為外資和機構投資者買賣股票，不是看企業的績效，而是看市場的動向，所以機構投資者和外資持股率高的股票，就算是績優股，一旦發生像雷曼兄弟這種事件

朝日印刷過去 10 年間的股價一路上揚！

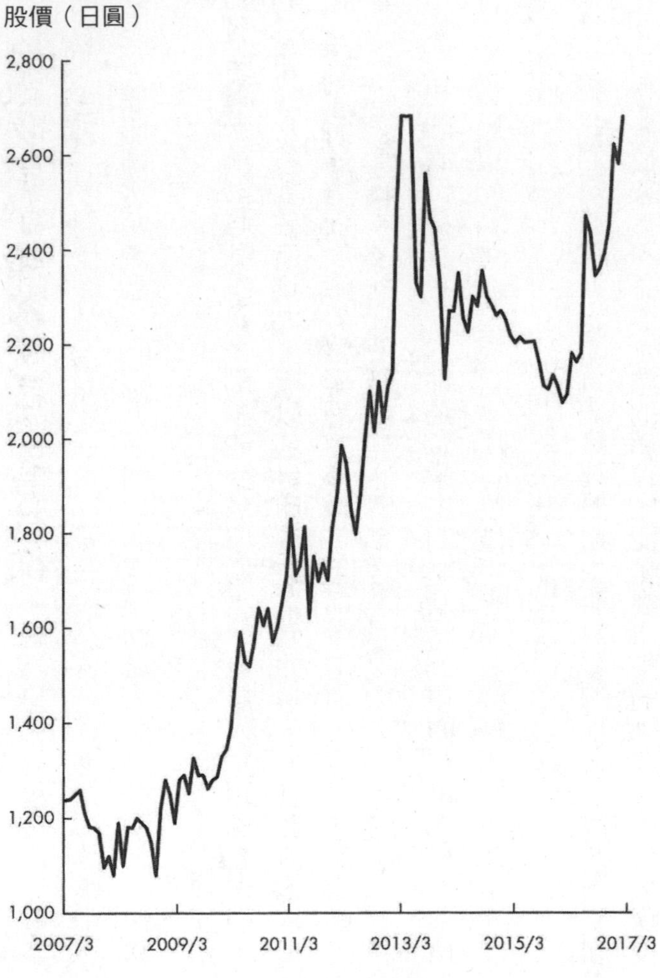

時，股價還是會受到市場的拖累而應聲大跌。

但是，朝日印刷就不會捲入股市的波瀾當中。也因為不受機構投資者和外資的影響，朝日印刷每年都有一〇％左右的穩定成長率，所以股價淨值走勢圖即呈現漂亮的向右上方上揚。

就這個例子來說，如果把股票的成交量，和企業的評價合併在一起思考，就是錯的。

法則43 反之，過於頻繁揭露資訊的呢？

雖然我一直強調企業揭露資訊的重要。但是，如果太過積極的公開資訊，投資者還是要多留意。因為這家公司極有可能想透過揭露資訊，營造期待的氛圍來拉抬股價。

股價可以分解為每股盈餘（簡稱EPS，Earning per Share）×本益比（簡稱PER，Price Earning Ratio）。其中，每股盈餘只能靠提高利潤來提升，但是代表「受歡迎度」的本益比，卻可以透過投資人關係、宣傳戰略，在很短的時間內拉抬上來。換言之，如果能將微不足道的情報，炒作成人氣話題，或許就可以讓股價上漲。所以有些公司會刻意不斷的提供各種消息。

例如，有段時間曾出現一個現象，只要企業發布自己和LINE合作，當天該公司的股價就一定漲停板。為了要獲得這種效果，有很多例子是頻繁公開包含了「金融科技」（financial technology）及「自動駕駛」等，該時期熱搜關鍵字的訊息。

大多數的個人投資者（散戶），雖然明知這些資訊毫無價值，卻會趁著股票上漲時賣掉。不過，少數沒有注意到這種狀況的個人投資者，股票就會被套牢了。

透過發布新聞、頻頻放出消息的企業，其中也大都是和事業合作、新商品、新服務有關的話題，這些其實都是把尚未啟動的案子，當作「今後預定要展開」的計畫。因此，投資人一定要格外謹慎。

另外，除了頻頻揭露資訊之外，企業老闆如果還不斷提到股票市值的話，或許也適用這個法則。

因為股票總市值的計算公式是「股價×發行的股票總股數」，所以是反映企業價值的一個重要指標。總市值越大，就表示企業的信用越好，越容易進行併購等計畫，所以老闆想拉高總市值並沒有錯。但是，如果為了讓總市值的數字變大，而處心積慮、持續用微不足道的資訊來哄抬股價的話，股價遲早會大跌。

法則44 投資人關係事務負責人突然離職，大都是壞消息

投資人關係或業務、財務負責人突然離職，是非常糟糕的消息。當然，我想大部分情況都是基於個人因素請辭的。但是，關鍵人物突然離職，絕大多數都是發生壞事的警訊。

我所謂的壞事，是指公司業績惡化、公司爆發醜聞之類的狀況。如果評估上市企業的股價會因為這類情況而大跌的話，我們公司會在知道關鍵人物離職的第一時間，就先賣掉該企業的股票。

公司可說是一種生物，不可能永遠都處在同樣的情況之下，所以也會發生外人不了解的各種糾葛。雖然投資人無法正確掌握公司內部的狀況，但是關鍵人物辭職，卻是推測內部出事的重要關鍵。

尤其離職的是投資人關係業務或財務的負責人時，投資人就不得不做消

極且負面的判斷。

這兩種業務的負責人，因為經常在老闆身邊，所以最了解公司實際的狀況。與營業部門和開發部門的負責人比起來，他們可以說是忠誠度最高的幕僚，因此，比一般員工能更早一步掌握正確消息。他們如果離職了，投資人當然會聯想到，公司是不是發生了不好的事。

法則45 改變會計政策和更換會計師事務所，必有蹊蹺

和法則44一樣，改變會計政策和更換會計師事務所，都是不好的跡象。

例如，把折舊的方法從分三年攤銷改成多年，就是改變會計政策。這是業績惡化的企業最常用的一種手段。分三年折舊或攤銷之後，企業就可以鬆口氣，所以賺錢的企業一般都會選擇這個方案。但是，從三年改成多年，眼前的負擔是減輕了，但這麼做其實只是把負擔往後挪。

另外，更換會計師事務，也暗示這家企業可能出問題了。

企業會突然更換會計師事務所，大都是因為財報有問題，原事務所謝絕處理。尤其是從大型會計師事務所，換成準大型會計師事務所時，可套用這個法則的可能性就極高。

當然，也不能只憑更換會計師事務所，就判定為問題企業。因為有些公

司是為了要進入某個資本集團體系，才把會計師事務所更換成和母公司一樣的事務所，所以投資人必須仔細弄清楚狀況。

不過，當企業更換會計師事務所的理由讓人無法認同時，就應該要當心了。這時就可以合理質疑：「這家公司或許真的有麻煩了。」

基金經理人之眼 12

（上接第一四九頁）日本的女性分析師，都集中在化妝品領域和流通零售業。重工業、化學工業、機械、資訊科技等領域，幾乎看不到女性分析師。另外，日本的女性基金經理人也是寥寥可數，外商公司裡雖然女性基金經理人比日系公司多，但相較於海外企業，女性還是偏少。

（下接第一七六頁）

第3章

快速成長型公司的「長相」

法則46 趨近停滯的產業，依舊可以找到成長型企業

這一章，我們來看看一些不得了的公司，也就是成長型企業的祕密。提到成長型企業，一般人會聯想到和網路相關的新興產業。事實上，即使是在成熟產業中，也照樣可以找到成長力強的企業。

要在成熟產業中找出這類企業的關鍵字，就是「Innovation」，這個詞一般會翻譯為「技術革新」。但是我在這裡所指的，是「創造新價值」的意思。

勇於嘗試新挑戰的大企業，以及雄心勃勃的新創公司，在成熟產業當中極為罕見。因此，只要有企業願意為顧客提供革命性新商品和服務，就能夠顛覆整個市場，將既有的寡占企業比下去。

行業很老，但我找出新方法

例如，以製造和販售化妝品為主要事業的 POLA 控股公司（POLA ORBIS HOLDINGS），就是在化妝品的銷售方法上引發革新。

同一集團的 POLA 股份有限公司，一直以來都是用訪問販賣（按：到家庭和職場推銷）的方式銷售化妝品。從日本政府制定法律條文來規範訪問販賣就知道，這種銷售方式很容易引發消費糾紛。所以事實上，一般人對於這種方式都沒有好印象。

因此，POLA 公司決定改變銷售方式。也就是讓訪問銷售員在車站前等地區開沙龍，一邊為客人護膚、一邊銷售化妝品。說得詳細一點，就是把先前透過訪問販賣建立的顧客網延伸到沙龍，為有意願購買 POLA 化妝品而走進沙龍的客人，提供親切貼心的服務。最後，POLA 公司終於透過提升顧客滿意度，成功降低了訪問販賣所伴隨的風險。

顛覆了業界通則

在全國各地經營百圓商店的 Seria 公司，靠著漂亮的店面吸引客人上門，成功讓業績大幅成長。

一般人都認為，流通業界不會產生附加價值，所以地位遠不如製造商。但是改變賣場、販賣方式，提升使用者的體驗品質，就是企業創造的附加價值。因此，創造了新價值的 Seria，就格外引人注目。

此外，Seria 還有一項創舉。就是引進其他同業所沒有的販售系統。通常，零售商使用的大都是 POS 系統（按：Point of Sales，也就是電腦銷售點管理系統，是常用的門市管理系統，適用於各業界，如便利商店、大型賣場等）管理庫存和銷售。因為百圓商店所有的商品價格都一樣，所以自然就不會用系統，而是用「計算個數」的方式來營業。

但是，Seria 卻打破業界的常規、引進系統。有了這套系統之後，Seria 就可以正確掌握暢銷品的品項和數量，並提供客戶穩定的供貨服務。這就是 Seria 之所以優於其他同業的強項。換句話說，Seria 這麼做，其實就是在創造新的價值。

運用資訊科技降低展店成本

以經營連鎖投幣式自助洗衣店為主的「WASH HOUSE」，運用資訊科技不斷擴點、展店。事實上，WASH HOUSE 總公司在宮崎縣宮崎市，但是在東京、大阪、廣島、山口、福岡各地都有分店。

我個人認為，今後成長型的公司只會做兩種生意。一種是可以產生附加價值的生意，一種是不需要人來處理的生意。少子高齡化讓「人」變成重要的資源，即便改革勞動方式，花在「人」的成本還是攀高，在這種趨勢下，做不需要人來處理的生意，就是創造新價值。

原本自助洗衣店就是不需要人力即可營運的生意。不過，檢視洗衣店還是需要人手。另外，洗衣機、烘乾機無法運轉的時候，也需要有人到現場去查看狀況。

因此，WASH HOUSE 制定了一個機制，就是雇請幾位工作人員，二十四小時輪班監控全國各地的分店。如有狀況，工作人員就透過監控螢幕和客人對話。店裡的清潔工作則外包給附近的鄰居，並透過監控螢幕確認。如此一來，WASH HOUSE就不需要雇請清潔人員，以巡迴清潔洗衣環境。另外，洗衣機、烘乾機，也可以運用遠端操作的方式排除狀況。總之，WASH HOUSE運用資訊科技，不須另加人手，就可以提供周到的服務。至於堅固的零錢箱則設置在地下，並透過監視器監控，安全機制也可謂萬無一失。

基金經理人之眼13

（上接第一六九頁）在我進入公司之前，希望成為基金經理人或分析師的女性少之又少。有此志向的人少，最後能夠成為專業人士的人自然就更少。因為金融業界很少有女性的指標性人物，所以女性就沒有可供模仿的對象。所以我認為，這是先有雞還是先有蛋的問題。如果金融業界真的有心要解決這個問題，可以採配額制保障女性的名額。

法則47　問卷調查露玄機——回函率高的公司，股價比較高

我認為，魔鬼就在細節裡，因為企業的體質，會反映在微小的細節中。

例如，我們以前會用回函明信片，對所有的上市上櫃公司做問卷調查。問卷的內容雖然會視狀況更改，但有一個共同點是「回函率高的公司，股價比較高」。當時，我們調查的三千家上市公司中，會寄回問卷的約有七百家。這七百家公司的股價表現，明顯比較亮眼。

用回函明信片做問卷調查，能夠問的問題有限，所以只需要花五分鐘就可以填寫完畢。事實上，我們除了在意對方會不會回信之外，更重視的是回信的速度。因為一個星期之內就回信的公司，會是好公司的可能性，遠比一個月後才回信的來得高。

另外，如果上次回信了、這次卻沒回信，就表示這家公司的業績在惡化

當中。反之，上次沒回信、這次卻回信了，就是表示業績在改善當中。

而且，我認為一家公司好的和壞的一面，都會反映在回函的問卷當中。**只要看問卷的狀況，即可感受到對方是一家什麼樣的公司**。做任何事情都粗枝大葉的公司，問卷就填得零零落落，想當然耳，他們的商品和服務品質也會非常粗糙。反之，對任何事情都非常用心的公司，問卷就填得非常仔細，而他們的商品和服務品質也的確比較優良。

要鑑別企業的本質並不容易，卻會顯現在許多細節中，所以投資者一定要仔細觀察。大家在評估企業、篩選投資對象時，也**千萬不要被「想跳槽的企業排名」這類資料給綁架**，認為受歡迎的就是好公司，其實這只不過是一般人的想像而已。

與其看排名，不如聽聽供應商、協力廠商怎麼說。從這家公司的周邊著手，如果聽到的大都是讚美，就可以推測這或許是家好公司。

雖然大家不像我，是以調查企業為業的人，但還是可以試著問一問熟人、朋友所服務的公司狀況，或往來客戶的情形。因為有機會拜訪客戶時，只要多加注意，應該也可以從一些細節，看到這家公司好和不好的一面。

法則48　公司網站上有許多員工照片，表示這家企業重視人

瀏覽企業網站時，可以看到許多面向。

如前所述，如果官網上沒有老闆的照片，或投資人關係的資訊不夠充實，投資人就可以推測這是一家糟糕的公司。但是，基本上，網站上所有的資訊都必須經過整理，好讓每個人都能看得懂，並對企業留下好印象。

其中，照片尤其重要。因為照片會影響網站訪客的想像力。職業攝影師拍出來的作品，和外行人拍的照片，給人的印象完全不一樣。網站是企業傳遞訊息的重要場合，所以我認為，企業應該要多花點錢，放些有質感的照片。

拜訪過無數公司、瀏覽過無數企業的網站之後，我覺得「是否能讓訪客歡欣雀躍」最重要。因為訪客一開心，就會想告訴別人有這麼一家傑出的公司、或這個網站設計得很不錯。

關於企業的網站，我還希望投資人注意一點，那就是網站上是否有許多員工的照片。如果網站上看不到任何一位員工的蹤影，投資人就可以合理質疑：「這家企業不把員工當一回事。」成長型公司的網站上，一定可以看到員工生氣勃勃的模樣。公司是否把員工當成夥伴珍惜，就是一種指標。投資人一定要好好檢視。

法則49　網站上有董事、幹部照片的公司，七四％獲利高於平均

網站上是否有經營團隊的照片也很重要。雖然現在有越來越多大企業，會在網站上放經營團隊的照片，但是幾乎沒有一家中小型企業會這麼做。

下頁的圖表，是把中小型企業（總市值在一百億日圓至一千億日圓之間的企業）的網站，分成放了董事照片和沒放董事照片的兩個群組，以檢視股價變化所製成的。和群組的平均值比較之後，就知道有放董事照片的公司，股價會比平均值高出許多。從二〇一二年底累計到二〇一七年三月，總計有七四％的企業高於平均。

官網上有無董事照片，為什麼會和股價有關聯，有人或許無法理解。這是因為一般認為，縱使有無董事照片和股價「相關」，也沒有直接的「因果關係」。例如，氣溫上升，冰淇淋的消費量就會增加；氣溫上升，溺水事件

網站上有董事個人照片的公司，股價表現比較亮眼！

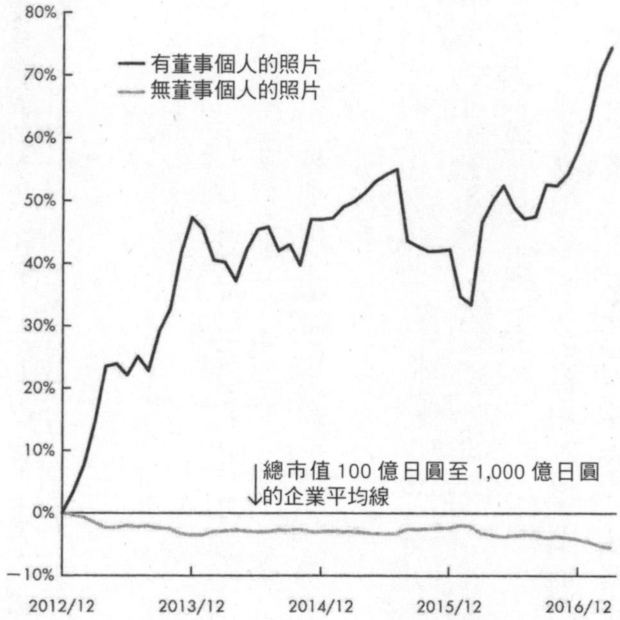

資料來源：amana 控股公司、SMBC 日興證券協助，Rheos Capital Works 基金管理公司製作。

先從所有上市上櫃的企業當中，鎖定總市值 100 億日圓至 1,000 億日圓之間的中小型企業為調查範圍，再把範圍內的企業分成兩個群組，一個群組是在公司官網上放董事照片的企業，另一個群組是沒有在公司官網上放董事照片的企業。最後再把這兩個群組的股價指數化、並單純平均後比較。

本圖表是比較 2012 年 12 月底至 2017 年 3 月底的股價表現後製成的圖表。調查是否放董事照片的時間點，是 2017 年的 1 月（由 amana 控股公司調查）。

也會增加，這兩個例子都各有各的因果關係。

但是，「冰淇淋的消費量如果增加，溺水事件的件數也會增加」，這兩者雖相關，卻沒有直接的因果關係，而其中的關鍵則是「氣溫」。

同樣的，我認為官網上有無董事照片和股價關係的關鍵，就是「肉眼看不到的優質企業文化」。企業如果有優秀的文化，不但能提供好服務、開發好產品，也會成為提升員工工作動機的基礎，還能把成果回饋給股東。

如果企業文化像溫度一樣，可以客觀的測量，該有多好。但偏偏企業文化就是無法衡量。因此，投資者不妨就把官網有無董事照片當作一把尺，並試著用它去衡量企業文化。

當然，董事的照片只是眾多把尺的其中一把。但是，如果投資人可以一邊觀察有無董事照片和股價的關係，一邊尋找其他衡量的各種工具，再以這些工具為參考、選擇投資目標的話，一定可以提高獲利的機率。

順帶一提，美國具代表性的企業，都會放經營團隊的照片，而且張張帥氣十足、生氣勃勃。大家一定要上蘋果（Apple）、可口可樂（Coca Cola）、IBM等企業的官網，看一看經營團隊成員的照片。

法則50 家族企業中有第二號人物踩煞車，是成長型企業

擁有者同時也是經營者的企業，其優勢之一就是決策速度快。但是，老闆失控的可能性也極高。當老闆的決定不合理時，如果有第二號、第三號人物等優秀幕僚輔佐的話，就可以避免許多不理性的決策，讓企業穩定成長。

我會不斷拜訪公司，以確認老闆身邊是否有好的幕僚。當我和公司裡的各種人談話時，如果覺得這個人應該就是公司的「大總管」的話，就會問他：「從你的角度來看，當老闆決定採取不理性的行動時，你會如何應對？」

他們的回答通常都不夠明快，而且最常出現的答案是「一半主義」。因為大總管也是上班族，如果直接忤逆老闆，有可能會被炒魷魚。但是，任由老闆失控不管，問題也會擴大，甚至危害到企業的存亡。因此，為了要同時兼顧個人的職位和公司的利益，只好採取一半主義的折衷策略。

「董事長的點子不錯。但是，為了謹慎起見，我們是不是從小規模開始做起，然後再看看情形。」這就是所謂的一半主義。簡單來說，這是一種既可以保住董事長面子，又可以迴避問題的處世方法。

當然，也有人會當面拚命勸諫。我認識的大總管中，就有一位強者向老闆遞了十次以上的辭呈。

GMO Payment Gateway，就是一家可說是因為有第二號人物把關，才能不斷成長的企業。它是一家大型的網路付款公司。在過去的十年間（二〇〇七年至二〇一七年），每年的成長率都大約為二五%。用信用卡在網路上繳住民稅（按：每年一月一日，日本都道府縣市町村聯合徵收的地方總稅額，簡稱住民稅）、所得稅的系統，也是由這家公司負責的。

這家公司的董事兼副總經理村松龍，協助董事長兼總經理相浦一成。村松原是過去的同業 Payment-One 公司的領導人，因為 Payment One 和 GMO Payment Gateway 合併，所以就成了這家公司的二當家。村松先生讓我印象最深刻的，就是相浦雖然很尊重他，但是他的一言一行還是謹守二當家的分際。村松同時也是 GMO Payment Gateway 海外投資事業的負責人，在他的統籌之下，這家公司的海外事業做得有聲有色。因此，他和領導才能卓越的相浦，都深得投資人的信賴。

還有，前面介紹過的晴姿公司總經理田中仁，也有一位輔助他的二當家，就是負責財務的董事中村豐。

中村先生雖然非常尊敬田中先生，卻是一個**敢直言不諱的人**。他在財務方面默默支撐快速擴張的晴姿，讓這家公司一路成長。另外，面對投資人時，他也一樣心直口快。當晴姿因為快速擴張、引起投資人反彈而陷入艱困局面時，他就先直率的表示「現在的狀況就是糟到無從下手」，然後才補充說明今後的因應對策。像這種毫不隱瞞壞情況、勇於實話實說的人，值得信賴。

而且，中村連談論嚴肅的事情時，也都是面帶笑容。這不是不認真，也不是虛張聲勢，而是一種遇到嚴峻狀況也能客觀以對的堅強。

順帶一提，我們 Rheos Capital Works 基金管理公司，也有一位從我開始創業時，就一直支持我的第二號人物湯淺光裕。如果沒有他，就沒有今日的我。雖然提到他顯得我有些自吹自擂，也請容我在此稍作補充。

法則51　交棒給四十多歲年輕人，業績會加分

六、七十歲的老董事長，透過世代交替把棒子交給三、四十歲的青壯年，讓企業年輕化，這在家族企業中是常有的事。

投資人面對企業老闆交棒時，原則上要保持中立，先觀察新老闆是什麼樣的人物。但是，就整體趨勢而言，把棒子交給年輕的經營者，對企業而言是加分的。

下頁是先將上市企業的經營者區分成幾個年齡層，再計算各家企業過去三年的股價平均漲跌幅，和銷售額成長率（Sales growth rate）後，所製成的圖表。

投資人可以從這張圖表看到一個趨勢，就是經營者年紀在三、四十歲的公司，其銷售額成長率非常高，股價的表現也非常亮眼。

老闆的年齡與股價平均漲跌幅、銷售成長率的關係

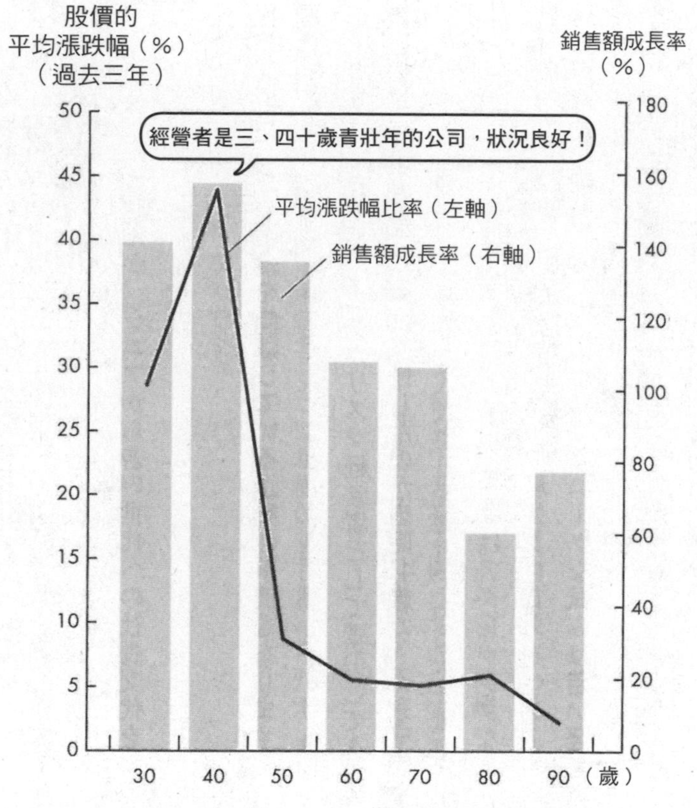

資料來源：大和證券協助，Rheos Capital Works 基金管理公司製作。
股價漲跌幅是以 2016 年年底為基準、計算過去 3 年的上漲率，銷售額成長率是以 2016 年所公布的最近期第四季財報資料為基準計算。財報資料來自約 3,300 家的上市公司。

這是因為年輕一輩比較跟得上時代潮流，而且思維模式也較有彈性。由六、七十歲且經驗豐富的人擔任董事長，或許會給投資人不錯的印象，但是投資人不應只看年齡，就否定了經營層的世代交替。

事實上，由年輕人接棒而讓業績卓越成長的企業比比皆是。

生產製造科技海綿（Melamine Sponge）「激落君」系列家庭用品的LEC公司，長年以來都是由創辦人青木光男擔任經營者一手拉拔。二〇一三年，接棒成為總經理的是永守貴樹，當時才四十一歲。

永守貴樹是日本電產創辦人永守重信的長子。虎父無犬子，LEC在永守貴樹充滿幹勁的經營之下，業績一路長紅。他在購物中心舉辦摔跤秀，並在秀中置入行銷、介紹自家公司的產品。只有年輕的經營者才敢做這麼獨特的嘗試。投資人從這一點，就可以感受到年輕經營者的柔軟度。

關於老闆的年齡，有人稱高齡經營者為「老害」。但是有資料顯示，由八十歲以上「超資深經營者」掌管的企業，他們的股價表現依舊搶眼。

下頁圖表，是經營者在八十歲以上的十二檔股票市值，加權平均後所計算出來的「超資深總經理指數」和東證股價指數（TOPIX）的股價變化

「超資深總經理指數」的股價變化

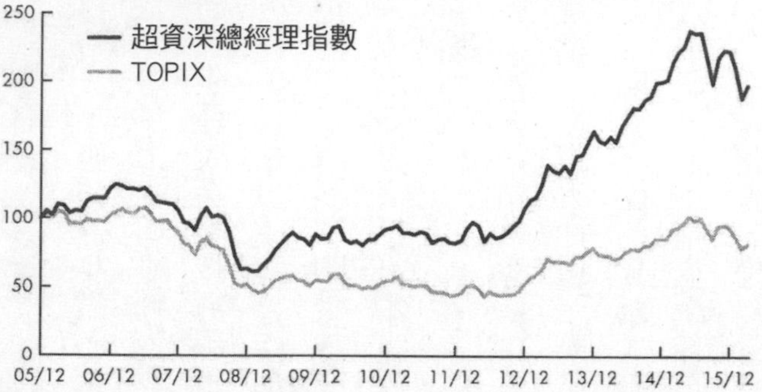

資料來源：野村證券協助，Rheos Capital Works 基金管理公司製作。
超資深總經理指數，是把經營者在80歲以上的12支股票市值，經過加權平均之後計算出來的。每月數據資料，最後統計至2016年3月。

「超資深總經理指數」中的 12 檔構成股票

股票代號	名稱	經營者（年齡）
4063	信越化學工業	董事長金川千尋（90）
6273	SMC	董事長高田芳行（89）
8830	住友不動產	董事長高島準司（86）
7269	鈴木汽車	董事長兼執行長鈴木修（86）
6952	卡西歐計算機	樫尾和雄董事長（87）
6965	濱松光子學	副總經理大塚治司（81）
5947	林內	董事長內藤進（90）
8273	IZUMI	董事長山西義政（93）
2267	養樂多總公司	董事長堀澄也（80）
7912	大日本印刷	董事長北島義俊（82）
4088	AIR WATER	名譽董事長青木弘（87） 董事長豐田昌洋（83）
7988	NIFCO	董事長小笠原敏晶（85）

※篩選出在2016年4月20日，總市值在2,500億日圓以上、公司董事長或總經理在80歲以上的12支個股。

圖表。「超資深總經理指數」在二〇〇五年之後，就不曾低過東證股價指數，而且如果將二〇〇五年設為一〇〇的話，二〇一六年三月的股價還來到一九七・二的高點。

這些高齡八十幾歲，還能以經營者身分工作的「生存者」，他們的生命力和經驗值，我只能用特別兩個字來形容。他們真的是值得尊敬的「怪物經營者」。

法則52　非直系出身的人接任總經理，就是改革的徵兆

經營者交棒時，有時會由出身非直系或旁系的人，出線擔任經營高層。例如從子公司出身的人，或是來自非主力事業部的人擔任總經理。

這種情形大致可區分為兩種模式。一是，在企業主身邊或貼近經營團隊的人，在權威者一聲令下受到提拔。也就是經營者自己慧眼識英雄，不問對方資歷，就把他擢升上來。對企業而言，由這樣的人出線擔任經營者，有加分的作用。

另外一個是，公司發生不好的事，主流事業的人全都受牽連，就由剩下的非直系或旁系的人擔任總經理。公司出事是負面消息，但是這種人事安排，卻能讓人聯想到公司要大膽改革了。換言之，投資人此時一定要先好好弄清楚，這家公司的投資價值高不高。

總之，不管是哪一種模式，碰到經營者交棒的情況，投資人首先要保持冷靜，沉著觀察企業會因這個人事異動而有什麼變化。

如果如法則51的企業年輕化模式，或如本法則一樣，是由非直系或旁系的人出線擔任總經理的話，或許就是投資的好機會。反之，如果公司是按排序的方式安排人事異動，就會讓投資人覺得了無新意。現在這個時代，還用這種方式選擇總經理人選，這樣的公司不會有發展。

法則53 關心員工健康，股價表現出奇的好

日本經濟產業省（按：類似臺灣的經濟部）和東京證券交易所合作篩選「健康經營類股」，我則是擔任篩選基準檢討的委員之一。

健康經營類股，就是從經營的角度思考員工健康管理、並戰略性處理的上市企業中，每一業種選出一檔最具代表性的股票。經濟產業省先調查企業對於員工健康管理的機制，然後從回答的結果中，選出五點作為考核的項目。這五個項目分別是①經營理念和方針、②組織和體制、③制度和執行措施、④評定和改善、⑤遵守法令和風險管理。最後再把財務指標也列入評定。

二〇一五年第一次公布健康經營類股之後，接著二〇一六年公布「健康經營類股二〇一六」，二〇一七年公布「健康經營類股二〇一七」。此外，也於二〇二〇年啟動「健康經營優良法人」（White 500）的認證制度，經濟

產業省會從上市企業之外的大型法人中，選出五百家公司給予憑證。研討篩選基準的委員會有好幾位委員，我是其中之一。我認為重視員工健康，並將其視為經營策略的企業，股價的表現一定出色。因為肯為員工健康把關的公司，絕對有優良的文化；有優良的文化，股價自然就高。因此，我認為能否制定出足以選出這些企業的標準，會是主要關鍵。

簡單來說，就是看公司是否會把重視員工健康、珍惜員工生命，明記在公司的願景和使命中，或是看公司是把員工健康方面的經費，視為「投資」還是「成本」。

現在我們就來實際看看，獲選為健康經營類股的股價表現。請看下頁圖表。這是二〇一五年和二〇一六年選出來的類股，在東證股價指數上呈現的超額報酬（excess return）曲線圖。

從這張曲線圖就知道，健康經營類股過去股價的表現，真的是出奇的好。「健康經營」（按：為了提高生產力並改善員工健康，以健康管理為經營課題，並提倡醫療保健的經營方式）已是一股龐大的潮流。電通等大企業的勞動問題不斷浮出檯面的同時，「改革勞動方式」就成了流行語。因此，

「健康經營類股」股價表現出色！

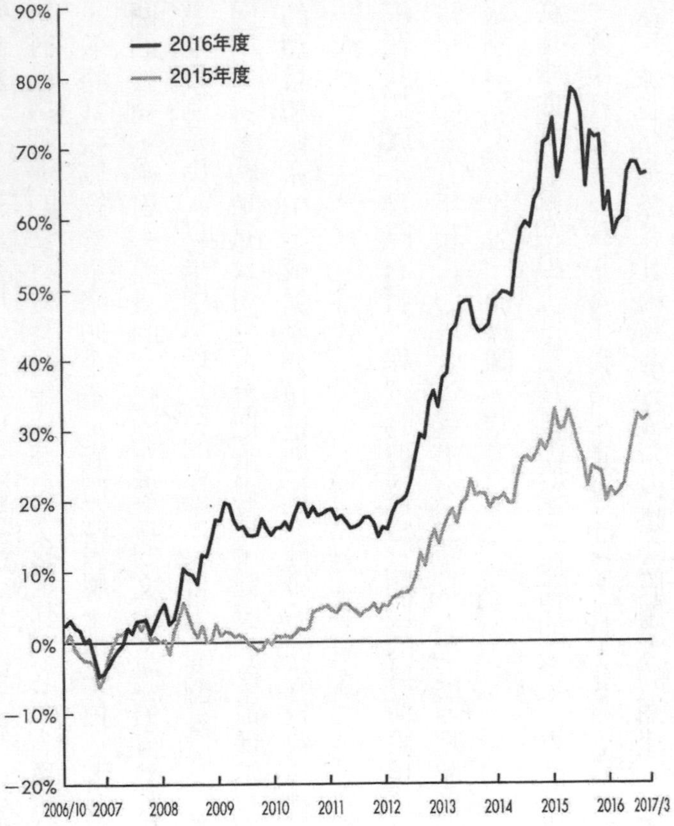

資料來源：岡三證券製作。
調查對象為經濟產業省在 2015 年和 2016 年選出的健康經營類股，在東證股價指數上所呈現的超額報酬，並計算出扣除稅金和相關費用後的具體報酬。

員工的健康，也成了整個社會關注的議題。

在這種狀況下，健康經營類股在徵才時，就具有舉足輕重的意義了。簡單來說，就是堅決主張健康經營的企業，有利於留住人才，而這一點也會直接影響公司業績。

法則54 致力於公司治理的「酷大叔」股，值得買

一直努力改革的企業，就是具有魅力的投資對象。近年來。我一直都在留意所謂的「酷大叔」股。

日本的股票市場有很多「遜大叔」股，是指歷史悠久的企業，雖然擁有可觀的資產，但是給投資人的印象卻是缺乏新計畫、揭露資訊方面開倒車，甚至還飄著濃濃的老人味。我認為有三分之一的上市企業，其實都是股價淨值比（簡稱PBR，Price-Book Ratio）低於一（股價比持有資產的價值低）、沒有特殊表現的遜大叔股。

對照組則是業態（Types of Operation）雖古老，卻努力擺脫遜味的酷大叔股。這些股票就像是經常上健身房鍛鍊身體、消除贅肉，努力洗脫老人味的大叔。

具體來說，為提升生產力而改革、努力提高股東權益報酬率（簡稱ROE，Return on Equity）的企業，就是酷大叔股。建議投資人可以積極觀察這類個股。

第一個提到酷大叔股這個名詞的資料，是二〇一四年八月公布的「伊藤報告（根據日本經濟產業省，以一橋大學商學院研究所研究科的伊藤邦雄教授為主席、進行的『為實現永續發展——企業和投資人要建立良好的關係專案』中提出的終極版報告書）」。

因為這份報告提出了具體的企業改革和股票市場改革的方向，所以被上市企業奉為行動圭臬。於是，希望藉由報告中的「公司治理守則」（Corporate governance code）改善管理的企業，就越來越多了。

我感覺得出來，有一、兩成以前被歸類為遜大叔股，也就是有將近一百家至兩百家的企業，現在都努力執行公司治理（按：Corporate governance。是指藉由一整套制度，來協調公司與所有關係者之間的利益關係，以保證決策最終可維護各方面利益），希望能躋身酷大叔的行列。

篩選「酷大叔」股的方法非常簡單。

首先，先選出**股價淨值比小於一**的個股（按：股價淨值比小於一，代表現在比較便宜，可以考慮買進；如果股價淨值比大於一，代表現在比較貴，要考慮賣出），然後再看其中有沒有**前一季、這一季、預期下一季的利潤都是增加的個股**。

不過，就算利潤都增加，投資人還是要進一步弄清楚，這個好光景到底是來自大環境景氣的復甦，還是企業基本面真的已經變好。總之，選股時，一定要仔細查、分析該公司的網站。

如果投資人在官網上，嗅出或是找到了似乎已經擺脫遜大叔色彩的企業，就請繼續關注這檔個股。

法則 55

公司名稱感覺較年輕的，股價表現佳

以前我們為個人投資者舉辦投資講座時，有些投資人提到：「新公司真是莫名其妙。我不想投資名稱用片假名取名的公司。公司名稱還是用漢字取名比較好。」

這些話激起了我們的好奇心。經過一番調查，我們發現上市企業中，用漢字為公司命名的有一千七百一十二家，不以漢字命名的有一千六百七十五家，兩方的數字不相上下。這個調查讓我們知道，不以漢字命名的公司竟然有這麼多。

用漢字來命名的公司，大都是傳統的企業。不過，當這些企業作為投資對象時，真的具有魅力嗎？

於是，我們進一步把上市企業分成以漢字命名，和不是以漢字命名的兩

「名稱無漢字」的公司，股價表現比較出色！

股票類型	股價平均漲跌幅	
	過去 3 年期間	過去 10 年期間
有漢字的股票	40.6%	19.1%
無漢字的股票	54.4%	51.0%

資料來源：大和證券協助，Rheos Capital Works 基金管理公司製作。調查時間為 2017 年 3 月底。調查的對象為過去 3 年，公司名中有漢字的企業有 1,712 家，無漢字的 1,675 家。過去 10 年，公司名中有漢字的企業有 1,631 家，無漢字的有 1,448 家。

個群組，調查他們過去三年和過去十年間的股價平均漲幅。調查結果如上表。

從這個圖表就知道，公司名稱有漢字的群組，股價表現明顯不佳。

公司名稱中有漢字的企業，乍看之下或許會令人覺得有歷史、可安心。但資料會說話，或許投資人還是買進投資公司名稱中沒有漢字的企業，成功的機會比較高。

法則56　總部在首都精華區的大公司，股價表現較差

東京丸之內和大手町，是日本最具代表性的商業區。大家知道涵蓋丸之內和大手町在內的千代田區和中央區，一共有多少家上市公司嗎？

答案是約六百家（二〇一七年），當時日本上市企業總共約有三千六百家，所以這兩區就占了整體的一七%，而且幾乎全都是具有代表性的公司。我想大多數的投資者，應該都會認為，這些企業的表現遠超過地方公司吧！

因為這六百家公司都設在皇居（按：日本天皇住所）附近，所以我稱它們為「帝都股」。如果將這些帝都股和其他的上市企業（非帝都股）比較，它們的股價表現真的比較亮眼嗎？帝都股真的優於非帝都股嗎？

調查的結果如下頁圖表。不論是過去三年還是過去十年，非帝都股的股價表現，明顯都比帝都股出色，因此正確答案是非帝都股優於帝都股。

不過，投資人也不必一竿子打翻一船人，認為總部設在千代田區和中央區的，都是糟糕的企業。這六百家公司中，還是有經營得有聲有色的。但是，就整體來看，帝都股還是大輸非帝都股。

就如同想投資名稱中有漢字的企業，一般人的想法都是「與其投資地方公司和小公司，不如投資大公司，或到大公司工作比較安心」。但是，看看實際調查的結果，就知道並非如此了。

「非帝都」股的股價表現比較出色！

股票類型	股價平均漲跌幅	
	過去 3 年期間	過去 10 年期間
帝都股（千代田區和中央區）	38.5%	18.1%
非帝都股（上面兩個區之外的公司）	49.3%	37.4%

資料來源：大和證券協助，Rheos Capital Works 基金管理公司製作。調查時間為 2017 年 3 月底。調查的對象中，過去 3 年，帝都股有 604 家，非帝都股有 2,753 家。過去 10 年，帝都股有 537 家，非帝都股有 2,479 家。

法則57　和同事結婚的員工多，投資這家公司會賺錢

高度經濟成長期，非常多人選擇和同事談戀愛和結婚。這是因為女性認為：「如果和這家公司的男員工結婚，可以過安定的日子。」

近幾年，會和同事結婚的人卻變少了，我想這和業績低迷的企業越來越多有關。在職場上工作的女性，如果認為自己的公司沒有未來，當然就不會把同一職場的同事視為結婚對象。換句話說，辦公室戀情如實反映了女性如何看待該公司的氛圍。

因此，在現今這個時代，如果社內結婚的員工較多的公司，就表示有極高的成長空間。每家公司都有內部員工才會知道的一面，所以為了自己的將來，女性絕對會嚴格挑選真命天子，如果會想和公司同事結婚，就表示她給公司的分數是及格的。

另外，和同事談戀愛、結婚的人多，也意味著這家公司有很多年輕世代的員工。員工平均年齡是年輕的，對評估企業的成長力絕對加分。

經營日本最大購物網站「ZOZOTOWN」的START TODAY，**不但鼓勵辦公室戀情，還制定了相關制度**。例如，專為單身男女員工舉行的聯誼會、用抽籤方式決定和某位異性同事共進午餐的「大驚喜活動」等。因為可以在公司的認同下走紅毯，所以即使婚後辭職當家庭主婦，夫妻兩人對公司的愛和忠誠度也依然不變。

另外，START TODAY為了讓員工擁有更多私人時間照顧孩子、陪伴家人，還制定了一項新制度，就是將一天八個小時的上班時間，縮減為六個小時。換句話說，員工早上九點上班，下午三點就可以下班。除了**不吃午餐、集中火力連續上六個小時的班**之外，員工還要重新檢視無用的業務，以改善工作效率。上班時間減少四分之一，但薪水依然照舊、不縮水。

START TODAY讓員工只上班六個小時的目的，是希望員工能靈活運用工作以外的時間。

當然，要採用這麼大膽的制度，得有個前提，就是員工必須重新檢視，並改善自己的工作流程，也必須提升自己的工作效率和工作密度。努力集中火力工作，就能擁有更多的私人時間。換言之，便能同時享受工作和私人生活，精神上也能獲得更大的滿足，工作上就更容易創造出有趣的作品。我想這種良性的循環，應該可以拭目以待。

員工在工作中磨蹭、浪費時間，一點都不稀奇。就一般公司而言，上班時間內真正投入工作的員工，最多不過一半。

工作潛藏著太多的時間浪費。例如，冗長的會議、來來回回處理「原本只要開口問，就可以立刻解決問題」的電子郵件、耗時在設計資料格式等。只要冷靜一想就會知道，把時間花在這些事情上，就是無謂的浪費。

START TODAY縮減工作時間，乍看之下是種非常嶄新的機制。但是，事實上，集中火力做該做的工作，本來就是理所當然。

最務實的做法，就是**重新檢視平常只是傻傻照辦的工作**，努力改善自己的業務。例如：「能否把會議時間從一小時縮短為四十五分鐘？」「是否需要每天都開晨會和做日報表？」「公司內部開會的資料，能否不要在設計上耗時，直接用簡單的紀錄說明」等。

現在的企業應該要有新思維，不要再認為讓員工在公司待八個小時，才是理所當然。真正的理所當然，應該是縮短工時，把浪費掉的精力和時間，拿來做該做的事，並且讓員工擁有工作和私人時間都充實的快樂人生，而且要貫徹到底。這種做法乍看之下似乎不合理，但事實上，這種思維非常正確。

我認為這種公司的未來成長力不可限量。事實上，即便現在大家都在喊著年輕族群不消費，但 START TODAY 在同業當中，利潤還是年年創新高。

法則58 各色人物都看得到的公司，會成長

接受多元化，並將其反映在企業經營上，稱為多元化管理（Diversity Management）。投資理財專家認為，如果企業能在明確的願景下雇用各種人才，成長率一定會持續走高。所以是否努力做好多元化管理，是投資人評斷企業時的重點之一。

例如，總公司設在加州的思科系統公司（Cisco Systems），在公司內有個擺設，上面寫著幾個大字「機會均等」，旁邊還有一行註解：「不論性別、人種、國籍、宗教、健康情況等，人人機會均等。」

思科系統這麼做，並不是主張博愛主義或強調男女平等，而是要告訴全體員工：「不論你是什麼樣的人，只要在工作上能創造附加價值，就能得到適當的評價。」

事實上，思科系統的員工，有很多都是來自印度、中國的移民。這些優秀的人才雖然是外來移民，但是只要成功，公司就會給與相對的報酬，所以都有極高的工作熱情和動機。

但是，日本的公司就不一樣了。因為日本的公司到現在，還是彌漫著濃濃的純日本人血統主義和同質化教育的色彩，所以無法包容不同人種、不同國籍的人。

落實機會均等的企業，和只雇用同質性員工的企業，何者人才濟濟？答案應該很明顯了。現在在日本，還是少有企業會積極雇用外籍人士、身障人士和女性。但我認為，今後會積極採取這種做法的公司，將會有很大的成長空間。

企業要成長，就要善用女性人才

如果把多元化管理聚焦在「善用女性人才」這一點，日本可說是全世界女性管理職比率最低的國家。

看看資產管理的業界就知道，女性基金經理人非常罕見，而女性分析師也都偏向消費這一領域。這就是明顯的性別偏見（Gender bias）。本來，調查企業的能力應該和性別無關，但是認為「重工業、化學工業、機械、資訊科技等領域，只有男性才可勝任」的偏見，卻根深柢固。

相反的，國外的女性分析師就非常活躍。連陽剛味十足的汽車領域，也可以看見世界頂尖的女性分析師蹤影。

我一直都在觀察，日本企業對於善用女性人才這一點，是否更進步。但令人遺憾的是，直至今日，還沒有一家企業可以做到這一點。我只能說，日本真的是一個有性別歧見的國家。

企業要成長，善用女性人才是重要的元素。就這一點而言，我認為推動女性進入社會的事業，因為具有重大的社會意義，今後勢必備受關注。

法則59 尋找在地成長的「青年領頭人」股

近幾年，地方經濟的規模明顯縮小。提到「地方」，一般人的印象大都是黑暗、落後。但是，有些經營者就是靠著和當地密切相關的生意，而步上成功之路。

我稱這類型的經營者為「在地青年的領頭人」（Yankee's Tiger）。簡單來說，這些經營者勇於雇用在當地土生土長、被稱為「溫和的叛逆青年」（Mild Yankees）的員工，並像猛虎一般積極的冒著風險、經營商務。

他們做的生意五花八門。有人經營手機店，有人賣保險，有人成立社福機構做長照生意，有人透過加盟方式經營便利商店，有人配合地區特色做複合式事業。總之，在地方經濟衰退、大環境不景氣、人人都在追求安穩工作的氛圍下，勇於大膽冒險的人，成功的機率自然就比較高。大家只要用心留意一下，就會發現從北邊的北海道到南邊的沖繩，都有許多幹勁十足、勇氣可嘉的「老虎」。

當然，其中也有上市企業。但是，即使有人經營加盟便利商店業績長紅，卻鮮有投資人看出他們的成長潛力。事實上，這些企業中，有些公司的成長超乎大家想像，而且他們的股價隨著亮麗業績穩定上漲，讓人不注意也難。

這類企業中備受注目的業態之一，就是買賣生鮮食品等商品的中型藥妝店。這些企業在日本全國各地，開了許多這種類型的店，緊咬著永旺集團（AEON，日本最大零售集團）營運的購物中心窮追猛打。

背後的原因其實是地方人口的高齡化，地方上的老人家覺得「每天開車到購物中心買東西很麻煩」。但是，住家附近如果有販賣超市食品兼藥品的店，就可以輕鬆的從停車場走幾步路到店門口，然後再逛一圈不算大的店，便能買到需要的東西。於是，乍看之下，這種感覺上不夠完備的小型超市，卻緊緊抓住了高齡消費者的心。

以這種業態取勝、最具代表性的企業，應該就是以九州為據點、在日本各地都有店鋪的 COSMOS 藥品（COSMOS Pharmaceutical Corporation）吧！

而在日本中部和北陸地方稱霸的，是在福井占有地盤的 Genky DrugStores。在東北地方，則是總公司在岩手縣的藥王堂最受注目。

實際走一趟岩手縣，就知道藥王堂有多強。從盛岡市開車到宮古市的海邊大概需要一個半小時，沿途沒有一家便利商品。但是，想買罐飲料止渴時，就可以看到藥王堂，而且店裡滿滿都是附近的居民。藥王堂選擇在便利商店不展店的地方設點，必須冒著極大的風險，但是他們成功了。

事實上，我們和上門的客人交談過。透過他們的回應，我們知道藥王堂開設的藥妝店，會配合當地居民的需求進貨，客戶服務的風評也極佳。

第4章

別找鮭魚，要找雞母——哪種新創企業會成功？

1 新創市場是「被排擠的人」創造的

新創企業良莠不齊、很難篩選，更有高達七成的企業，創業不到三年就陣亡。

多年以來，我一直以風險資本家（按：Venture capitalist，有組織的募集、管理資本，尋找投資對象，投資並監督、扶助風險企業的人，則被稱作風險資本家。又稱創業投資人）的立場支援創業的人。而且我還擔任日本新創獎「JVA」（Japan Venture Awards）的評審，這是由日本獨立行政法人中小企業基盤整備機構（SMRJ），為表揚剛創業的創業家所舉辦的獎項。二〇一四年，在這個獎項中，榮獲「JVA評審委員長獎」的，就是以管理家用、投資理財應用軟體和雲端會計系統為主要事業，後來備受注目的新創企業「Money Forward」。

這一章，我就要告訴投資人，**如何篩選已穩定發展的新創企業和具有潛力的新興企業**。首先，我們回顧一下新創市場的歷史。

在第一章，我提到以前自己開公司的人，大半都是受到社會排擠的人。所以許多新創企業的老闆，如果不是家暴的受害人，或是無法升學、沒有學歷的人，就是來自貧窮家庭，或者非日本國籍的人。

換言之，其中發揮日本新創市場育成功能的人，有不少都是非日本國籍的人。他們事業有成、生活富裕、金錢不虞匱乏之後，就會讓孩子們上美國學校，接受高品質的教育。

這些含著金湯匙出生的孩子們，從小看著雙親的背影長大，每一位都非常有生意頭腦。基於希望孩子能擁有一身活下去的本領，他們的父母對他們都非常嚴格。這些孩子的家境雖然優渥，但是父母不會溺愛他們。總而言之，他們非常優秀。

但是，在純正日本血統主義橫行的社會，許多人必須承受不合理待遇，他們的人生中不包含進入大企業工作的選項。因此，這些優秀的人就只能選擇進入外商公司或自行創業。

順帶一提，我自己就曾在外資體系的金融機構服務過，最會賺錢的員工之中，就有不少人是外國人。

2 以「IPO」爲創業唯一目標的人，素質不高

二〇〇〇年之後，由「被排擠的人」建立的日本新創市場開始改變了。契機是在一九九九年，東證MOTHERS和當時的NASDAQ Japan等新興企業的股票市場已經完備。之後，完全不同於以往的各類型創業家，就如雨後春筍般，一個個冒出頭來。

例如，樂天的總經理三木谷浩史，從一橋大學畢業之後，先進入當時的日本興業銀行工作，再到美國留學，並取得哈佛大學商學院企業管理碩士學位，也就是所謂的支配階級（Establishment）。一九九七年，三木谷自行創業，二〇〇〇年，股票在店頭市場（後來的JASDAQ〔按：東京證券交易所營運的股票證券市場，以新興企業為主。〕）掛牌上市。

DeNA公司的創辦人南場智子女士，自津田塾大學畢業之後，也是先進入

麥肯錫公司（McKinsey & Company）工作，然後再攻讀哈佛大學商學院的企業管理碩士學位。一九九九年成立公司，二〇〇五年股票在東證MOTHERS上市。

被稱為「HORIEMON」（按：因長得像哆啦A夢）的堀江貴文，成立「On the Edge」（日本知名入口網站活力門的前身）公司的時間是一九九六年。

大量出現為了「想住豪宅」而創業的人

二〇〇〇年代後半，這類型的新創企業經營者嶄露頭角，大量出現因為想成為堀江貴文而立志創業的人，也就是說，「他們想靠首次公開募股（IPO）、快速致富之後，住進六本木新城（按：是日本規模最大的都市更新計畫之一）、買高級進口車，載美女兜風」。簡單來說，他們就只想賺錢。

當時，創業講座非常盛行，我也曾受邀擔任講師，參加者當然都是要創業的人。我曾問其中一位參加者：「你想開什麼樣的公司？」那位年輕人說：「我就是想住在六本木新城。」「不，我不是這個意思，我是問你想做什麼？」

「對啊，我剛才已經回答了啊。」這聽起來好像玩笑話，但講座中真的出現過這樣的對話。

後來我又問那位年輕人：「假設我以後想開公司，而你是我的員工。如果我告訴你：『我想住六本木新城、想買高級車。』你這個當員工的人，會為我這家公司付出工作熱情嗎？」年輕人回答：「我的想法正好相反。如果你認為過奢侈的生活很重要，卻不能對員工說：『我要開一家可以讓你們住六本木新城、開名車載美女的公司。』就沒辦法經營公司。」

我不知道這個年輕人到底有沒有聽懂我的話，也不清楚他後來的發展。但是，我個人認為，當時想創業的人，一般來說素質都不高。

順帶一提，有不少六十多歲的大企業高層領導，就非常討厭新創企業的經營者。

這些把自己定位為日本社會金字塔頂端的人，似乎已經為過去的新創企業經營者貼上標籤，認為他們就是暴發戶，是和自己不同世界的人，而且還一直保留著這種刻板印象。

另外，在他們的眼中，二〇〇〇年之後出現的新型態新創企業經營者，看起來非常挑釁。被暱稱為「HORIEMON」的堀江貴文，之所以會被大肆抨擊，我認為主因在於，他讓當時社會上的權威人士感到非常不舒服。

3 新創業潮來臨，立志當「影響者」的人大增

二〇〇六年堀江貴文被逮捕後，IPO市場的規模就不斷萎縮。尤其是雷曼兄弟破產事件後，許多新創企業倒閉，新創市場儼然一座死城。

但是，新創企業數量以二〇〇九年的十九家為底、開始恢復生機。二〇一五年有九十八家，二〇一六年有八十六家，二〇一七年緊接著有更多的大型IPO在準備。除了數量增加之外，公司的壽命、經營團隊的年齡，也都有回春的跡象。

創業不是為了金錢！而是要立志當影響者和追求工作價值

後來，日本似乎出現一股嶄新的創業風潮。

而且，浮誇的創業者大幅減少。這一波想創業的人，幾乎沒有一個人的動機是想當有錢人，或想過貴公子般的生活。取而代之的是懷抱崇高理想，如「想影響社會」、「想改變世界」的人。他們的動機不是因為內心的自卑情結，而是要追求自己的理想。

在企業環境持續惡化的狀況下，腳踏實地型的新創企業經營者，比較容易獲得投資人青睞，這應該是理由之一。

年輕人看企業的眼光，真的和以前不一樣了。這一點先前也略微提及。這幾年，越來越多人認為：「縱使不會工作到犧牲自己的程度，但如果感受到某種目的和意義，即使報酬不高也會努力。」也就是說，重視理念的共鳴的人增加了。

我曾在明治大學擔任兼任講師，指導學生「創業財務論」（Venture finance），所以有很多機會可以接觸時下的年輕人。

看著他們，我覺得企業留住年輕人的力量，不是地位、名聲、金錢，而是願景和理念。**一旦他們認為，這家企業實際從事的事業和公司揭櫫的經營理念相差懸殊，就會馬上辭職。**從某種層面來看，這是非常嚴苛的。因此，新創企業的經營者如果想要留住員工、讓公司成長，除了要具備沒有模糊空間、明確的願景之外，還必須不斷揭露公司的相關訊息。

例如，Anicom 公司（Anicom Holdings），這是一家經手寵物保險的新創企業。其寵物保險的特徵，是和動物醫院合作，引進寵物治療費用可以和保險金相抵的系統，為寵物的主人申請保險金、代墊治療費用。這種服務可以大幅減輕寵物主人的負擔，所以深獲保險人的支持。這表示 Anicom 公司在寵物的市場，已有舉足輕重的地位，而且今後還有極大的成長空間。

我想，Anicom 公司的企業理念——「我們是一家減少淚水，創造笑顏的保險公司」，應該會讓許多人產生共鳴。

Anicom 公司的總經理小森伸昭，擁有改變保險業的熱情。他除了努力推廣在日本尚不普及的寵物保險之外，也把焦點放在火災保險和汽車險。

在經營上，小森非常重視「透明度」。他的公司除了採玻璃隔間之外，還運用網路攝影機，公開公司內的狀況。小森的出現，正好說明了近年來認真追求理想、腳踏實地型創業家大幅增加的趨勢。

學生創業的個案也逐漸增加

除了上述的趨勢之外，還有一點也值得投資人留意。那就是，有越來越多年輕人還在讀大學就出來創業。

在過去，只要從一所好學校畢業，就可以不必冒險創業，直接到一般所謂的「好企業」工作。如果是在二十多年前，只要畢業自東京大學等名校，就可以平步青雲、一路做官，或進大公司工作，直到退休。簡單來說，這些人就是人生勝利組。

如果把就業定義為「投資自己的勞動力，以獲得對價的投資行為」，自然就要選低風險、高報酬的工作。

就這點而言，創業的世界是個高風險世界，七成到八成的公司在數年內就陣亡，因此，與其追求只有兩到三成的高報酬機率，不如選擇穩定型的成功，也就是進入大企業工作才合理，至少大家過去都是這麼想的。

但是，現在當員工、當公務員，風險相對提升了，所以它們不再是好的「投資對象」。如今，絕對安全的精英路線（Elite course）已經不存在了。縱使進得了大企業、知名公司，你的人生也不會有任何保障。

考進東京大學、京都大學、早稻田大學、慶應義塾大學等名校的學生，在過去等於拿到一張通往「安全就業」的車票，但其中竟然開始出現以創業為志向的人，這可說是自然的演變。例如，做網路行銷的資訊科技新創企業「ZIGExN」的總經理平尾丈，還在慶應義塾大學就讀時，他就已經擁有成立資訊科技新創公司的經驗了。現在，他已經是企業界備受注目的青年才俊型經營者。

當然，新創企業的經營者中，還是有過去那樣「懷有自卑情結的硬漢型」人物。雖然他們的創業動機和「沒有自卑情結、單純追求理想型」的人有些不一樣，但是並沒有誰優誰劣之分。

總之，面對現在這麼嚴峻的市場環境，我十分希望能有更多的新創企業，一起來活絡整個新創市場。

4 看看創櫃板，找找有魅力的新創企業

我個人認為，將會陸續出現具有魅力的新創企業。

現今創業的成本低得驚人。以前要成立一家股份有限公司，資本額至少要一千萬日圓（按：約新臺幣兩百七十萬元）。但是，現在即便資本沒有那麼多，也可以創業。

設備方面，在十年前，光是買伺服器就要花數千萬日圓。但現在因為有雲端服務，用很低廉的成本就可以享有同等的便利。

辦公室的租金也大幅降低。經營者可以視事業的內容，和別的經營者一起分攤辦公室租金，有的甚至只要有一張辦公桌，就可以創業了。如果大部分的工作可以靠一部電腦搞定，也會大幅減少創業時要追加成本的窘境。尤其是擁有開發智慧型手機應用軟體技術的人，要創業真是太容易了。

支援創業的機制已經到位

另外，支援創業者的社會機制也已經完備。二〇〇〇年前後，新興股票市場在日本誕生之後，這二十年來，已經出現了不少代表性公司，例如樂天、DeNA、GREE 等，這些公司創造了許多工作機會，是很多人都想進入的夢幻企業。

這二十多年來，新創企業一直都和周邊的人一起分享各種知識。因此，不只是新創企業的經營者，連證券公司、創投公司（venture capital，投資新創企業的公司）等支援新創企業的組織，也都可以精準的協助各種公司做經營或投資判斷。

其中，有人還曾經在非常成功的新創企業中，擔任第三號、第四號人物，也有前輩經營者想投資「靠掛牌上市、有望創造資產的新創企業」。這些人的真知卓見，將可以運用在今後登場的新創企業上。

例如，有會計師證照，又精熟風險投資的磯崎哲也，就設立了支援網路新創企業的組織「Femto Startup」，專門投資新創企業。二〇一三年，他們投資的第一家公司是「piece of cake」（按：之後更名為「note」），這是一家提供電子數位內容的公司。據說，磯崎還給了這家公司各種建議。

piece of cake的創辦人，是經手過許多炙手可熱的作品，如《如果，高校棒球女子經理讀了彼得．杜拉克》（簡稱如果杜拉或如果杜拉克）等書的編輯加藤貞顯。這部作品雖然是經營管理類的書籍，卻是近年來罕見賣出兩百六十萬本的暢銷書；這本書的編輯，也因為想做一些新挑戰、在業界引起變革，所以自行創業。磯崎會投資這家公司，應該就是認同加藤的理念。

Femto Startup之後又陸續投資了幾家有前瞻性的新創企業。其中投資TORETA公司，可說是運用資金讓Femto Startup順利成長的最佳例子。TORETA公司提供專為餐廳設計的預約與顧客喜好紀錄的TORETA系統，大幅改善了集客、預約管理、顧客管理等各種業務，所以馬上就成了轟動的話題。後來，有八千多家的餐飲店都使用這個系統。

如果是在過去，創業者就算有抱負、有實力、有才能，也幾乎沒有機會能夠獲得這類支援，因為根本就沒有這方面的人才。日本的新創市場整整花了二十年的時間，才有今天的投資環境。

看到新創世界人才濟濟的繁榮景象，和已經整頓好的周邊環境，我覺得在東京成立的新創企業，將會有極大機會成功。（按：臺灣則有創櫃板，目前有九十家新創企業。）

之後，如果有一家公司可以和臉書抗衡，我想這家公司應該不是來自美國，就是來自日本。一想到這種時代已經到來，我就非常興奮。

5 認真處理網路資訊，拒當內容農場，企業價值才會提高

最近，我認為有一個關鍵，可供投資人用來選擇股價預期會上漲的企業，這個關鍵就是「認真處理網路資訊」。

二〇一六年，由 DeNA 公司營運的醫療資訊網站「WELQ」等好幾個提供策展媒體（Curation madia）的平臺上，爆發一連串問題，例如侵害著作權的報導、盜用照片，以及一連串的不實報導等。

原因很明顯。就是為了追求效率，而不求證、漠視法律，甚至輕視報導的可信度。而且不是只有 DeNA 公司，這種現象可說是全球各地都有。簡單來說，就是現在的網路在很多方面都已經失去了「該有的認真」。在這種狀況下，投資人在選投資標的時，就要留意該企業是否認真的處理網路資訊。

以網路媒體（平臺）來說，企業肯為採訪等業務投注時間和精力，讓成

品更有感情、更有溫度，這種公司才有投資的價值。

我是一個基金經理人，每天都要埋首於蒐集企業資料，從我的立場來看，對這種現象感覺特別強烈。現在網路上的資訊，說穿了就是漏洞百出。

以前的媒體，很多人都是靠雙腳獲得資訊、寫報導，所以提供的資訊，都有一定的價值。但是現在網路上的內容，幾乎都是任何人上網就可以隨手取得，再經過複製、貼上的東西。從長遠的角度來看，**具有文化價值的資訊，因效率不佳、不賺錢，自然就會受到排擠**。如果再這樣下去，人工智慧在網路上蒐集來的「人類智慧」，極有可能就是一座垃圾山。

例如，二〇一七年掛牌上市、由著名撰稿人糸井重里領軍的「Hobonichi」公司，就是會認真把關網路資訊的企業代表。這家公司從網路開始普及後，就一直經營一個老字號網站「Hobo Nikkan 糸井新聞」。這家聲望極高的網路企業，主要的收益來自以「Hobonichi 記事本」（按：擁有線裝裝訂、可選書衣等特點，在日本深受歡迎）為主的系列商品。

從這家公司的員工身上，就可以看到我所說的認真。他們的員工（這家公司很妙，稱員工為船員）是為「想好事、想妙事，和如何落實」而工作。

Hobonichi 的收益來自前述的記事本，但是「賣很多記事本」卻不是他們經營網站的目的。他們開這家老字號網站的目標，是希望幫助更多人快樂的過每一天，而精美的記事本就是他們達成這個目的的工具。

認真處理網路資訊的企業，都有明確願景、想為社會做些什麼，而不是單純只想賺錢。由於他們都非常重視人與人之間的交流，所以他們的事業才能夠透過網路，與人們產生共鳴並獲得支持，進而穩步成長。

我們 Rheos Capital Works 基金管理公司，以後也會更認真。在現在這個萬事皆網路的時代，我們依舊願意登門拜訪全國各地的企業，我認為其中存在著更勝以往的價值。因為現在投資界已經少有人會認真的調查企業，所以我們願意在這方面投入心血，意義尤其深遠。

另外，就如同 Hobonichi 公司賣「Hobonichi 記事本」一樣，我們公司雖然負責管理和銷售「Hifumi 投信」基金，但是賣基金不是我們成立公司的目的。我們之所以成立公司，是想讓更多人了解投資的奧妙，並藉此讓社會更有活力，而「Hifumi 投信」這檔基金只是一種工具而已。不是我自誇，我確實已經感覺得到，這檔基金產生的共鳴力量。

法則60　中高齡創業，觀察「心態」最關鍵

接下來，我要回來談談法則。

判斷一家公司時，我非常重視「年輕」。所以除了公司的歷史外，我一定會檢視董事長的年齡，以及董事和員工的年齡。不過，我真正在乎的，不是這些人的實際年齡，而是心態上的柔軟度。針對這一點，我對於柔軟度高的資深創業家，其實是相當期待的。

隨著終身雇用制度的崩解，「把人生全託付給公司是種美德」的想法已經式微了。以往大家都認為，資深世代創業太過危險、與年紀不相符，但是冷靜想想，商務經驗豐富的資深世代，創業成功的機率其實不低。因為他們除了擁有和金融機構斡旋的能力、率領部屬的經驗之外，不少人還擁有和顧客及供應商合作的網絡。因此，這些有錢有閒、而且孩子都已經長大獨立的

人，應該都有承受風險的能力。

特別是一些離開綜合電機製造商的人才，我期待他們今後將更為活躍。空有技術卻在大企業中有志不能伸的人，例如所提的專案被公司以「先期投資需要時間」等理由駁回的話，就可以考慮籌措資金、自行創業。

現在，越來越多人想投資、想支援新創企業，所以優秀的、有技術的人才只要用心做簡報，要成功其實不難。

例如，在壽險業界掀起通路革命，在網路上賣壽險的「LIFENET 人壽保險公司」（LIFENET INSURANCE COMPANY）。這家公司的前董事長出口治明，創立公司並擔任總經理的那年是六十歲。四年後，也就是他六十四歲時，公司掛牌上市。

另外我更大膽預測，今後，曾經創業失敗，卻捲土重來、再度挑戰的人，也會越來越多。

以往在日本，幾乎不曾聽過公司倒閉的經營者，可以再成立另一家公司。這是因為以前的企業要籌措資金，幾乎都得向銀行融資；要融資，就必須通過銀行的徵信調查。然而，公司倒閉的同時，經營者本身也破產了。

但是，投顧公司就可以適時發揮功能，讓經營者有機會透過股東資本籌措資金，而且就算公司倒閉了，經營者也只是損失了個人股份而已。

簡單來說，就是創業門檻降低，讓曾經失敗的經營者，大幅提升東山再起的可能。

法則61 創業家要正直，要會說善意的謊言

新創公司的經營者，大都具有不凡的創意、行動力、說服力和吸引人的魅力。不過，一定也有很多人還很善於說「善意的謊言」。

鑑別新創企業、傾聽老闆說話時，必須留意這個人是否說了不該說的謊。公司如果有個會說不當謊言的經營者，遲早會走不下去。

我想各位讀者中，一定有人覺得會說謊的人不值得相信。但我的想法是，身為新創企業的經營者，應該要會說善意的謊言。請大家想像一下求婚的場景，「請嫁給我！我一定會讓妳幸福！」像這種話就是善意的謊言。因為人生中會發生什麼事沒人知道，所以沒有人可以保證，絕對能讓對方幸福。

但是，如果求婚時說：「請嫁給我！我想我們很有可能過得幸福。」對方會高興嗎？

雖然人人都知道，未來的事情無人知曉，但是此時此刻最想聽到的，還是這一句「我一定會讓妳幸福」。因為這麼說，才能讓被求婚的人，感受到對方堅定的決心和濃情蜜意。

抑或是，如果對早起、一臉浮腫的另一半說：「今天早上你的臉色真難看！」就算說的是事實，對方也不會開心。此時，如果昧著良心說：「今天氣色不錯喔！」或乾脆裝作沒看見，才算聰明。

所謂的溝通、交流，不是只要正直、客觀而已，有時也必須撒點小謊。

如果一個經營者不能自信滿滿、語氣肯定的表示：「這個事業會改變世界。」「自己絕對能讓員工幸福。」就沒有人會跟隨他了。

「投資我，你一定不會後悔！」「掛牌上市時，我希望你來參加我們的派對！」天使（Angel，用自己的資金投資新創企業的個人投資者）和風險資本家聽到這些話，就會心動、想投資看看。

「順利的話，或許會成功！成功機率有七成！」這樣說或許很客觀，但是要讓人掏錢、籌募資金，應該十分困難。

總之，新創企業的經營者，必要時要會對員工、投資人說些善意的謊言。

法則62 鑑別新創企業時，不必在意是否達成數字目標

有善意謊言，就有惡意謊言，像是明明不打算結婚，卻向對方說：「請嫁給我，我一定會讓妳幸福！」這就是惡意的謊言。

以新創企業的經營者來說，把根本不可能簽約的契約，說得像是肯定可以拿到手一樣，就是不對的。如果是對著達成機率明明很低的目標數字，表達自己堅定立場的情況，因為是要展現決心來鼓舞員工，勉強可以稱之為「灰色謊言」。但是，鑑別企業時，還是要慎重判斷「經營者預測的精準度到底有多高」。

最不該說的惡意謊言，就是掩飾已經發生的事實。例如，在營業額上灌水、在顧客人數上誇大其辭、敷衍，或不宣布企業評鑑時最重要的關鍵指標，這些都不是一個經營者該做的事。

新創企業的實際營收，本來就很少能超過預測營收目標。就算刻意把預估最低營收和預估最高營收的差距拉大，通常最後的績效還是會比最低營收更低，甚至連成本也比預期的高很多。這是因為要預測沒什麼實際成果的事業，本來就很困難。因此，評定新創企業時，能否達成數字目標，並不重要。

重要的是，要分析未達成目標的原因，並和投資人及公司員工一起分享相關資訊，了解該如何做才能達成目標。因此，新創企業的經營者在說夢想、談願景的同時，還得要有勇氣接受赤裸裸的現實。

但是，有人在批判新創企業經營者無法達成目標的同時，也會一併否定經營者的人格和能力。

尤其是出身金融機構的人。因為他們非常重視預實管理，也就是預算和實際數字的差異，所以有不少人就認定：「經營者不會做預實管理，這家公司一定不行。」這類型的人似乎有一種迷思，認為預實管理就是經營。

事實上，經營新的事業，和公司的預實管理根本是兩回事。因為先決條件是要先創造出成果，在公司的事業未上軌道之前，理所當然無法實施預實管理。

新創企業的經營者和金融機構的人打交道時，只要被叮囑：「做好預實管理！」一焦急之下，就會脫口說出惡意的謊言。

但是，說一個謊就必須用更多的謊來圓，而且也失去了獲得建議並改善經營的機會。如果因此陷入惡性循環，新創企業就會墜入黑暗深淵。因此，會說惡意謊言的企業沒有未來。

法則63　正派經營者高喊的遠大願景，投資人也不能全信

前面曾提到，會說善意謊言，是身為創業者的重要資質。同樣的，新創企業的經營者高喊「我們是第一名」，也不是什麼壞事。

不過，如果完全沒有具體日標，經營者只是憑個人的主觀推測，便高喊「我們是第一名」，就有問題了。聽取簡報時，我們常會看到沒有任何根據，曲線卻一直向右上爬升的氣派成長曲線圖。身為投資人，這時就必須弄清楚：「如此驚人成長的證據何在？」

二〇一四年十二月，手機遊戲公司「gumi」公司在東證一部掛牌上市的事，大家應該都還記憶猶新。

gumi 的股票上市兩個半月之後，盈利預測（Earnings forecast）即下修、由黑字轉為赤字，股價也暴跌，讓許多投資人非常失望。各方也都批評，在

上市前靠著籌措巨額資金、在新創業界打響名號的 gumi 前總經理國光宏尚，其中更有不少嚴厲的指責。

國光在公司股票上市之前，不時高喊：「我們要靠遊戲成為世界第一！」「我們公司的總市值高達八兆日圓（按：約新臺幣兩兆一千六百億元）。」當時我就認為這是善意的謊言。不過，我認為他是真的想朝這個目標邁進。

但是掛牌上市後，國光卻忽略了自己「為激勵投資人所說的善意謊言」。當企業規模越來越大、在社會上的分量越重時，經營者一定要具備分辨客觀狀況的「後設認知能力」（Metacognitive Ability）（按：能掌握、控制、監督與評鑑自己的認知歷程），不能只跟著自己的主觀和熱情走。當然，公司要在市場上籌措資金，就必須適當公開資訊，並用具體的數字告知盈利預測。很遺憾，gumi 並沒有做這些動作，所以才衍生了極大的問題。

上市企業的經營者，如果只憑個人的主觀認知一直放消息，投資人絕對不能全然相信。在相信之前，一定要先確認有足夠的資料佐證。

不過，我還是看好今後的國光，期待他能很快洗刷當時的汙名。

法則64　上市之後就走樣的新創企業，有如「產卵後就死亡的鮭魚」

一聽到新創企業掛牌上市，我想很多人的第一個想法是：「已經是上市企業了，今後一定發展得不錯。」

但是，對新創企業而言，順利上市之後還要能繼續成長，並不是一件容易的事。因為很多企業在股票上市後，就變成了「產卵後就死亡的鮭魚」，這也可說是上市企業的宿命。

上市企業要做生意，首先得和各種客戶打交道。在「上市」的光環下，「名片要用高級紙。兩面要彩色印刷，而且要有浮雕圖案」、「要重新設計公司簡介」、「以前出差都搭普通車廂。現在經理級以上的人可坐更舒適、設備更豪華的一等車廂」……相關部門的員工會這麼想，也是自然的趨勢。因為員工都會認為，上市企業就應該有上市企業的樣子，結果卻增加了各方面的成本。

上市之後應徵人數暴增，錄取人數不可隨之大增

上市公司和非上市公司在徵人時的最大差別，就是上市之後，來應徵的人數會暴增到十倍、甚至百倍，而且應徵者的學歷也會全面提升。以前總是徵不到人的人資部員工，看到這種情形，想必都樂開懷。經營者一聽到今年來了這麼多國立大學的應屆畢業生，也會為了有這麼多優秀人才想進自己公司上班，而倍感欣慰。

看到這種場面，不少經營者就會一廂情願的認為：「這是天意要他們踩油門的啟示。」簡單來說，成功讓股票上市的人，身上彷彿安裝了某種程式似的，只要看到這種場面，就會用力踩油門。於是，就發生了以下狀況：「對企業而言，人才是最重要的資產。難得有這麼多優秀的人來應徵，本來預定錄取十個人，今年就增加名額到二十個人。」

但是，大量錄取新人後，在他們進公司的第一年，經營成本會非常沉重。

因為新人不可能一開始就能獨當一面，而公司的營收就算成長了，也不見得能夠涵蓋他們的薪水。總之，將大幅增加人事的費用。

另外，一般人都會認為，公司上市之後，會募集到更好的人才。但真的是這樣嗎？**上市後，真的就能找到公司需要的人才嗎？其實不然。**因為看到「這家是上市公司」而來應徵的人，其實不論他們待的是上市公司或是非上市公司，都極有可能是不願意面對挑戰的人。

若不是想為這家公司努力的人，而是希望得到這家公司照顧、認為進來以後就可以安心的半調子員工，老實說，增加這樣的員工，實在不能說是一件好事。

法則65 上市的次年，企業會陷入「第二年厄運」的魔咒

事實上，股票上市也會對公司的事業帶來負面影響。

通常，在上市的前半年到一年，老闆都會忙著為上市準備，所以這段期間就會疏於拓展新事業。雖然手邊的工作可以交給第一線員工執行，但是有些工作，例如預測一、兩年後有機會合作的客戶或案子，還是必須由老闆親自出馬交涉。停止拓展造成的影響不會馬上浮現，但是股票上市之後沒多久，就會呈現在數字上。

另外，現場員工處理工作的態度也會產生變化。雖然員工們不會突然失去工作幹勁，但是「因為我們是上市公司」的心態所產生的安全感，卻多少會讓員工們較為鬆懈。

假設，營業所的業務人員本來一個月要拜訪五十家客戶，但是公司上市

之後卻變成了四十九家。這種爭取銷售機會少了二%的現象，如果蔓延到整個公司，一定會嚴重影響盈利。

股票上市後，公司因為成本增加以及員工鬆懈，造成利潤率滑落數個百分比的情況比比皆是；在這種狀況下，股價當然也會不斷下跌，我們稱這種現象為「上市第二年的厄運」。但其實，這是一個不該發生、卻發生的問題。

如果不努力防止，上市第二年的厄運一定會找上門。股票上市之後，公司確實可以得到許多商業上的利益，例如信用資源的增加、工作業務增加等。但是，這其中也潛藏了危險，足以抵銷這些利益。企業經營者必須先認知這一點。

因此，如果有機會拜訪決定掛牌上市的公司老闆，我一定會建議：「上市後的那一年，請務必要像未上市時那麼用心。」能否在擁抱上市的好處下，避開第二年的厄運、讓公司順利成長，關鍵就是能否在股票上市後，還能繼續保持一如往常的態度。

法則66 上市不是最後目標，但經營者和員工心態都會鬆懈

以往在東證二部（按：交易的股票以中小型企業為主）和MOTHERS市場（按：交易的股票多為新創企業）掛牌上市的企業，若能夠升上東證一部（按：交易的股票多為大型企業）的市場，就表示他們已通過極為嚴格的審查基準。一般來說，投資人都會給這些企業相當正面的評價。但是，從東證二部或MOTHERS市場升到東證一部，和企業首次公開募股一樣，都隱藏著危險。（按：二〇二二年四月四日起，東京證券交易所將會把原有的東證一部、東證二部、JASDAQ、MOTHERS市場整併成為Prime、Standard與Growth三個市場。）

根據過去看過那麼多中型企業的經驗，我發現很多在東證二部和MOTHERS市場掛牌上市的企業，業績最高峰都出現在即將要升上東證一部

的前一年，而且在升上東證一部的一瞬間就鬆懈了。

未上市企業先拚上市，再拚命從東證二部或MOTHERS市場升上東證一部，這對企業而言，就像是馬鼻子前吊著一根紅蘿蔔。以在東證一部上市為目標的企業，只要吃到東證一部這根「最後的紅蘿蔔」，就覺得不需要再拚命衝刺了。

在法則64，我提到鮭魚產卵之後就奄奄一息，業績因為上市而一落千丈的企業，就如同結束了生命中最後一次產卵便死亡的鮭魚，而且產過卵的鮭魚，就算烹煮端上桌也不美味。

新創企業絕對不能讓自己變成鮭魚，就算股票上市了，或升上了東證一部，還是要像每天持續下蛋的母雞。同樣的，投資人在鑑別新創企業時，也不能看到是上市企業，就認定可以安心投資。

「是否有長遠的願景？員工是否了解公司的經營理念？」「員工是否擁有工作熱情和動機？」「今後，公司是否會繼續成長？」投資人在選擇投資標的時，務必要靈活運用本書介紹的法則，並仔細檢視。

法則67 新創企業的第一份股東名單，通常是烈士名單

我的工作是基金經理人，但我同時也是新創公司的經營者和風險資本家。

不過，如果說新創企業和破產只有一線之隔，絕對不是言過其實。美國的風險資本家常說：「檸檬三年結果，珍珠七年成熟。」這句話中的檸檬是指失敗的企業，而珍珠就是讓股票上市的成功企業。

換句話說，**創業之後，失敗的企業撐不過三年，成功的企業則需七年的淬鍊**。一般來說，新成立的公司，七成會在三年內陣亡，只有三成能夠走過十年歲月。對新創企業而言，要持續經營十年，相當不容易。

因此，要做創業投資的生意，不是那麼簡單就能成功。通常，新創企業

的第一份股東名單都會是「烈士名單」。而且，新創企業在成功之前，都會先寫下一頁苦難的歷史，經營現場就像殺戮戰場一樣，血跡斑斑。

創業投資的樂趣——影響社會

我投資了某家新創企業。該公司的第一任總經理，總是毫不客氣就推翻董事會做的決定。他除了會突然改變態度表示：「我是總經理，我說了算。」還會公然說謊，大家都對他束手無策。

創業半年左右，董事們覺得再這樣下去大事不妙，就去找總經理談話。其中一位董事說：「成立公司時，你曾答應我們：『這是男人和男人之間的約定，我們一定要老實做生意。』」這句話讓總經理啞口無言。我想，他應該一輩子都忘不了這個場景。

我問這位總經理，他對這句話做何感想。他回我：「我不是男人！」這是我這一輩子聽過最震撼的「迷言」（按：在日語中和名言同音，乍聽之下好像很有道理、但意義不明的幹話）了。我忍不住繼續問他：「如果你不是男人，那你是什麼？」這位總經理小聲嘟囔著：「我是個懦弱的男人⋯⋯。」

現在說起來就像是一則笑話，但是過去我投資的新創企業中，發生的問題真的是層出不窮。例如，經營團隊打群架、手握經營權的人侵占公款、董事爆發性騷擾醜聞等。回想過去，我真的覺得，要做創投生意，一定要有一顆強大的心臟，否則絕對無法笑著面對、處理這麼多問題。

但是，我並未因此打消投資新創企業的念頭。因為這些新成立的公司，如果能夠增加銷售、創造就業機會、增加政府的稅收，就可以讓經濟恢復元氣。所以，投資新創企業不但具有社會意義，還是我的夢想。

那位口出「迷言」的總經理所經營的公司，因為事業具有前瞻性，所以先行清算之後再做分割，並重新成立新公司，由別人擔任總經理、重新出發。經過六年的考驗，事業已經上軌道了。

從事創投後，我投資了八家公司。其中做水宅配的「Water Direct」公司（現在是 PREMIUM WATER HOLDINGS），和開發資料庫的 SOCKETS 公司已經上市，其它六家也預期將會上市。

能像這樣影響社會，可說是做創業投資最大的樂趣。

法則68　成功的新創企業，夥伴間都有強大的凝聚力

最後，我想用我從各種立場觀察新創企業的經驗，歸納創業時的成功法則，那就是夥伴間強大的凝聚力。

新創企業真的會發生各種意想不到的問題。在這種狀況下，領導高層不僅要會說夢想、談願景，還必須誠實面對當前的問題，並透過群策群力，建立夥伴們相互信賴的組織。

小公司的經營者，領導才能也很重要。就因為公司的規模不大，老闆勢必會和夥伴面對面一起決策。

過去，曾經和我一起投資新創企業的夥伴中，就有一位非常了不起的人物。他就是曾任迅銷公司總經理、羅森（LAWSON）連鎖便利商店董事長兼

執行長的玉塚元一。他無論碰到什麼狀況，都不會輕言放棄，他的人生關鍵字就是「面對」。

「發生問題時，最重要的就是自己要面對部屬，找出問題的原因。面對問題的那一瞬間，自然就會浮現解決之道。」「問題之所以無法解決，是因為駝鳥心態、不肯面對。」「雖然過去我曾失敗，但從來沒有一次不敢面對問題。」從這幾句話，我們就可以看出他紳士般的人格特質。我認為，新創企業的領導者，都應該具備這種態度。

基金經理人之眼 14

在某個研討會的會場。

A男：「你是剛才專題討論的主講人嗎？能不能給我一張名片？」

我：「感謝你的參與。這是我的名片，請多多指教。」

A男是負責某家銀行體系資金管理公司的經理。

A男：「Rheos？我不知道這家公司耶。你們是做什麼的？」

我：「我們是針對日本股票的投資信託公司。」

A男：「你在做這種生意嗎？感覺不妙耶，這種公司很容易倒閉。因為日本有太多創投公司了。」

我：「謝謝你的忠告。」

A男：「加油！」

和他的對話，讓我覺得我們公司還有很大的成長空間。大家看衰新創企業，對我們是有利的。這一點很重要。

第5章

找工作、或投資，我這樣鑑別一家公司

1 貢獻社會未必要兼做慈善，本業有助社會就是好公司

在前四章中，已經談了很多鑑別企業的法則，但是在篩選時，還是會有一些狀況，無法一一套用。因此，這一章，我想說明這些法則的共通原理和原則。

好公司的定義因人而異。對某些人來說，股價會漲的或許就是好公司。但是，視個人角度和觀點不同，別人心目中的好公司，有可能是對社會有益的、或為顧客提供好商品和好服務的公司，或是成長型公司、誠實納稅的公司等。

每一種定義都是正確答案。但如果用條件來區別的話，大致可以區分成兩個條件。第一個條件是社會貢獻，也就是盡企業的社會責任；第二個條件是成長，指銷售和利潤要成長。簡單來說，就是好公司要會賺錢，也要盡到

應盡的社會責任。

但是，我認為大多數的公司，對於賺錢和盡社會責任，都不夠認真。有些經營者認為，追求利潤是骯髒的行為，要賺取利潤就必須犧牲社會；有些經營者則一提到社會貢獻，就認為：「只要辦些慈善活動，或注重環保就可以了。」

但事實上，企業只要認真經營事業，並盡到自己的社會責任，就可以賺到錢。也就是說，**能否透過本業貢獻社會，會直接關係到企業成長**。

美國哈佛大學商學院教授麥可．波特（Michael Eugene Porter）說，企業先思考社會意義、再認真做生意，就是一種社會貢獻。現在，這種想法已經是全球的主流思維了。

我認為許多大企業之所以無法成長，就是因為缺乏這種認知。對於社會貢獻和成長不夠認真的公司，不值得投資。

2
鑑別企業能否成長？
三原則——夥伴、行動、心靈

要鑑別企業是否符合社會貢獻和成長這兩個條件，可以用夥伴、行動、心靈這三項原則檢視。在商界，夥伴指的就是「利益相關者」，例如股東、債權人、客戶等；心靈就是「願景」（Vision）；行動就是「企業的活動和法人的行為」（Corporate Action）。為了讓大家更容易理解，我就取這三個名詞首字日文讀音的羅馬拼音，組合成「NAOKO」原則。

所謂的夥伴，泛指公司成長所需要的協助者。有了夥伴，企業才能夠成長，所以**企業有義務讓夥伴更幸福**。因為夥伴不幸福，企業就不會成長。行動則是指，企業透過或是已經**透過商品和服務來影響社會**。

心靈則是指公司的想法、思維模式。如果公司的思維模式是健全、穩定的，公司就能夠持續成長，不會走向錯誤的方向。

一般來說，在評價企業時，大多數的人都會把焦點放在表面的行動上，也就是只看企業績效。但是，如果企業要產生足以影響社會的行動，就必須有健全的心靈和幸福的夥伴。能在這三項原則上均衡發展的企業，就能夠永續成長。

有人或許會覺得這番話很幼稚，不過這種想法正是削弱企業實力的原因。只要用心檢視這三點，就知道它們和企業的獲利息息相關。

3 企業要獲得夥伴協助的七個重點

首先，我們來看看三原則中的夥伴。企業一定要檢視利益相關者和公司的關係，並弄清楚是否可以得到他們的協助。檢視時請掌握下列七個重點：

① **珍惜客戶的程度**：要心存感謝、貼心相待。能夠讓客戶喜悅，就能建立長久的合作關係。

② **珍惜員工的程度**：經營者和員工要真心彼此對待，並以對方為傲。經營者要讓員工覺得，自己和公司是一體的。

③ **珍惜員工家人的程度**：員工家人的幸福和夥伴的幸福一樣重要，重視和員工家人之間的羈絆，可以讓他們安心生活。

④ **珍惜事業夥伴的程度**：生意上往來的客戶是重要的事業夥伴，一定要建立公正且永久的信賴關係、共存共榮。

⑤ **珍惜股東的程度**：公司要感謝股東，並積極的和股東對話，才能提升企業永續經營的價值。

⑥ **珍惜地區社會的程度**：要感謝並融入地區社會，努力讓當地居民能安心生活。

⑦ **指導能力的程度**：經營者對自己的經營責任要有自覺。除了要傾聽夥伴們的心聲外，還要為彼此的共存共榮而努力。

消費者、員工、家人、事業夥伴、股東、地域社會、經營團隊等，都是公司的夥伴。這裡提到的員工，除了正職人員之外，也包括約聘人員、打工人員等非正式員工。而事業夥伴是指稅務師、律師、會計師，以及在生意上往來的客戶。以下針對①至⑤點說明。

重點① 珍惜客戶，而不是努力整合內部

在七個重點中，看起來最理所當然、也最容易忽視的，就是第一點「珍惜客戶的程度」。

我想很多人都忘了，員工在公司工作獲得的酬勞，是來自客戶貢獻的營

業額，而不是公司支付的。大家的薪水百分之百都是來自客戶。但是，如果沒有這種認知，還堅信「薪水的增減，是由自己在公司的表現決定」，這種員工比比皆是。有這種想法的員工越多，這家公司腐朽的速度越快。

有一部分大型企業，珍惜客戶的程度明顯低落。日本大型企業的高層領導人，不少都是「沒有股份的專業經理人」。這些經由投票過程選出來的**總經理**，大都是好人，也就是大半**都不會和周遭人衝突**、**有摩擦**的人。換句話說，他們之所以能夠升到這個位子，或許就是因為擁有優秀的整合能力。

把企業交給這種人來領導，結果會如何？我想，從近年來日本大型電器廠商推出的商品，就可以看到結果了。完全稱不上智慧的智慧型家電，還有落後國外製造商一大截、完全無亮點的平板電腦……。

這些商品都是經由各部門整合之後才誕生的。**在整合的過程中，領導高層只會做面子給各個部門**，完全沒有認真思考客戶真正需要的，是什麼樣的商品。

以餐飲業來說，只要在店頭稍微觀察一下，就可以知道這家店是否重視、珍惜客戶。成長型的企業一定會想方設法了解客戶真正的心聲。例如，如果這家餐廳在消費者用餐後，會讓服務人員拿著問卷和筆到桌邊，我就會在這一點上加分。

我曾經服務過的外商公司，為了尋找投資信託上需要改善的地方，有位主管就率先訪問了個人投資者團體。這位主管邀請了各世代的投資人，請他們暢談對投資信託的印象，然後再記錄他們所說的話。他就以這些話為基礎，想盡辦法消除投資人對投資信託的負面印象。

「想要茁壯、成長的企業，首先一定要徹底傾聽客戶的聲音！」他曾說的這句話，現在依然留在我心中。

另外，或許有人會認為底下這件事情微不足道，就是我訪問企業老闆時，會留意老闆是否會說「客戶先生、小姐」，而不是用顧客或客人稱呼。如果經營者口口聲聲客人，就表示他不太珍惜客戶。

順帶一提，聽到業務人員不客氣的把客戶先生、小姐稱為客人，基本上我就不太會相信這個人。一個優秀的業務人員，一定會很誠意的稱對方是客戶先生、小姐。

重點② 珍惜員工的程度

珍惜員工不能只做表面工夫，而是要真正給員工一個幸福的工作環境。徹底了解他們希望有什麼樣的工作環境，可以說是好公司必備的條件。

另外，我們也可以藉由雇用身障人士的比例和女性管理職的比例，作為評估企業有多珍惜員工的基準。除了看資料之外，和企業經營者談話時，我會**詢問經營者，對於非正式雇用者以及女性管理職比例的看法**。

我之所以會問這個問題，主要是檢視經營者是否曾認真思考。如果平常思考過這個問題，就可以馬上回答。但是，大多數的老闆卻都詞窮、語塞。

如果你有買某家企業的股票，在召開股東大會時，不妨就提出這類問題。或許得到的答案，就是你判斷珍惜員工程度的依據。聽說很多經營者聽到這種題庫中沒有、臨時蹦出來的問題，都不知如何回答。

據說，最近，日本的綜合電機製造商，在經營上陷入了困境。為什麼知名的企業會陷入這麼糟糕的狀況？我認為，其中一個原因就是他們不懂得珍惜員工。

日本的電機製造商，近年來一直在逼退資深的工程師。結果，這些被逼離老巢的人才，就帶著長年以來的經驗和有用的資訊，跳槽到亞洲其他國家的企業。

國外製造商十分禮遇資深工程師。雖然他們給的薪水並不是特別高，但是他們稱呼這些工程師為「老師」，讓這些工程師以自己為傲。

這些以知名電機公司中堅員工自負，有技術、有體力，也有相當年資的員工被趕出公司時，國外的製造商馬上鞠躬表示：「老師，我會安排年輕人當您的部屬，請多多指教！」讓這些工程師找回尊嚴，重拾工作熱情和動機。我認為工作時，如果能夠讓自己的技術在國際市場上發光發熱，任何人都會摩拳擦掌、躍躍欲試。

事實上，已經追上日本企業的韓國、臺灣製造商，就是仰賴這些被日本企業捨棄的工程師協助，才擁有今天的成績。當然，大型電機製造商會陷入困境，還有其他的原因。但是，大家千萬不要忘記，輕視員工絕對是企業衰退的原因之一。

重點③ 珍惜員工家人的程度

就是檢視企業是否擁有為員工家人著想的制度和文化。例如，如果企業有完備的產假、育嬰假、配偶生日假，員工甚至可以調整上班時間，以方便出席孩子的教學參觀日，就可以加分。豐田汽車公司就有員工的所有家人都能接受健檢的制度。從這一點就可以看出，豐田十分珍惜員工的家人。

重點④ 珍惜事業夥伴的程度——供應商不是只想賺你錢的人

從各種角度檢視，企業是否珍惜生意上往來的客戶。

如果業界的人都異口同聲說：「和這家公司做生意，會被當成是下游承包商對待。」表示這家公司對事業夥伴漫不經心，未來成長的空間有限。事業夥伴和員工一樣，都是讓公司成長的重要拍檔。

我個人不會想投資習慣稱事業夥伴為「業者」的公司。拜訪經營者時，如果他說出這兩個字，我一定會扣分。

另外，公司如果對提供商品和服務的供應商，總是擺出「姑且用之」的態度，遲早無法獲得這些夥伴協助，而讓成長停滯。因為有生意往來的客戶，會視對方的態度，選擇在看不到的地方偷工減料或是加倍努力。一旦他們認為「不值得為這種公司努力」或「姑且敷衍了事」，商品和服務的品質勢必會大打折扣。

當然，用嚴厲的態度對待生意上往來的客戶，也不全然都不好。例如，彼此的關係雖然談不上和諧，但如果能互相尊重也不錯。因此，並不是單純和客戶的關係好，就一定沒問題。

重點⑤　珍惜股東的程度，次於事業夥伴

有人認為重視股東的程度，應該高於事業夥伴。但是，我認為股東的地位應該低於事業夥伴。**企業的確應該重視股東，但我不喜歡公司凡事都以他們的意見為優先考量**、認為股東最偉大。

我是基金經理人，負責購買企業的股票，所以從企業方的角度來看，是很重要的關鍵人物。因此，有些負責投資人關係業務的人，就會來拜訪我們。這時這個人的態度，就會影響我對他們公司的評價。

一般來說，最容易看到的狀況，就是當我不在時，會言語騷擾奉茶的女

性員工，或者由年輕員工出面接待時，會擺出不禮貌的態度。

當然，對任何人的態度都不好，也是個問題。但是，會讓我扣更多分的，就是這種會見風轉舵的人。我真的碰過有些人對我畢恭畢敬，卻對奉茶的女職員態度大不相同。

就我個人過去的經驗來說，會因立場而改變說話方式和態度的人，成功的例子可謂少之又少。因此，在這方面會讓人覺得落差很大的公司，不值得投資。

4 我這樣觀察企業的五種行動

接著，我們來看看「行動」。我所謂的行動，主要是指公司營運的事業，也就是法人的行為和企業的活動。公司透過各種行動，將價值帶進社會，並傳遞想要傳達的訊息。

企業的事業，也就是公司的行動，可以用以下五個重點來分析：

①**經營活動的貢獻程度**：有強烈的社會意識，透過公司的活動、商品、服務，豐富世界。

②**改變經營活動的程度**：跳脫以往的經營活動、商務活動，經常透過挑戰引領變革，為社會提供新的價值。

③**對稅收的貢獻程度**：善盡納稅的義務，為繁榮的社會奠定基礎。

④**對地球環境的貢獻程度**：用具體的行動感謝地球、和地球共存共榮。

⑤**對人類社會的貢獻程度**：為了人類和社會的幸福，和事業夥伴一起創造能讓人活得更有尊嚴，而且是全民都可以參與的社會。

關於經營活動的貢獻程度，就是檢視公司如何透過每天的商務活動貢獻社會。改變經營活動的程度，則是檢視公司創新能力的一個項目。這兩點都是鑑別企業時的核心重點。

鑑別企業時，有人主張應該只看經營活動和稅收的貢獻程度，其他的都是多此一舉。公司繳稅表示有獲利；對稅收貢獻度高，表示公司的獲利好。我不能否認這種想法。但是，我認為企業也是社會的一分子，所以也必須檢視企業的經濟活動，會為地球環境和人類社會帶來什麼影響。

對地球環境的貢獻程度，在進入本世紀之後越發重要。為了創造一個能永續經營的社會，共同解決地球暖化的問題、一起遏止環境的破壞，已是世界的潮流。

對人類社會的貢獻程度，主要是指企業是否可以透過多樣化的管理，打造一個完備的環境，可以讓許多背景各不相同的人，一起幸福的工作。

關於這一點，我必須說日本的企業，對於提升女性的社經地位，以及讓身心障礙者進入社會的相關配套措施，是相對落後的。希望今後有更多企業能運用多樣化管理，創造成長的潛能和空間。

5 看懂一家企業的心靈：財報是短期的，精神是長遠的

要知道企業的本質，就必須解讀企業的「心靈」。具體而言，用下列七個項目，就可以診斷：

①**理念滲透程度**（**企業經營理念滲透的程度**）：經營者要有堅定的理念，並讓每位員工深入了解這個理念，讓整個公司更團結。

②**創造程度**（**創造企業經營價值的程度**）：具備向新事務、新事業挑戰的魄力，以及樂於享受踏入未知領域的刺激，進一步創造新的秩序和思想。

③**治理程度**（**公司治理的水準**）：在多數人的認同和共鳴之下，建立一個透明且符合現在需求的組織。

④**完備程度**（**財務健全的程度**）：為實現公司的夢想做萬全準備，靈活

運用資產、妥當投資。

⑤**遵守程度（守法的程度）**：要實現公司的夢想並永續經營，不能走偏門、一定要守法。

⑥**徵詢程度（投資人關係服務、公共關係、雇主關係）**：廣納各方的意見和批判，並謙虛學習。

⑦**聯結程度（團隊合作）**：包容各種不同的文化和個性，互助、互敬、互相體諒。

這七點中，第一點「理念滲透程度」最重要。本來，企業沒有理念就無法生存。創業者除了要有旺盛的企圖心，還必須有貫徹的毅力才能夠創業。但是隨著公司的規模擴大，很多人都忘了原本創業的初衷。有不少企業更是只把企業理念裱框、當成裝飾品。

拜訪企業、與老闆會面時，我一定會問：「貴公司的願景是什麼？」縱使願景的內容就貼在老闆辦公室的牆上，我還是會直接詢問。

聽到願景兩個字，有的老闆會一臉得意、暢所欲言，有的老闆則會露出詫異的表情，反問：「為什麼要問這個問題？」這一瞬間，我就能判斷這個老闆是否重視企業理念。想讓公司內外的人，都了解經營理念的大前提，不用說，就是經營者自己必須先重視理念。

第三點「治理程度」，是近年來許多企業努力的重心。但是，如果只是從表面判斷一家公司是否用心治理，並沒有什麼意義。例如，上市公司都會根據公司治理守則（Corporate governance code），設兩名以上的外部董事（outside director）。但是，明明設了外部董事，卻視他們為裝飾品的話，就沒有任何意義。

第五點「遵守程度」也一樣，不能只是表面上遵守法令。不少企業雖卯足勁強調遵循法規的重要，但其實他們真正的目的，是不希望社會指責：「他們自己違反法令。」

在這七點當中，第三、四、五、六點，是大家所熟悉的企業評估標準。所以這四點當然都非常重要。但是第一、二和第七點，也是讓企業健全成長的關鍵，絕對不能遺漏了。

以上的內容有點冗長，但是鑑別企業時，「NAOKO原則」真的是非常重要的基礎。

投資人一旦投資之後，勢必就得和這家公司「長期交往」，所以投資人必須在投資前，就先了解與公司理念及公司體質相關的事項。因為這些都是關係著這家公司未來股價會不會漲，是否有可能成為左右經濟的大企業的判斷依據。

我能夠在股票市場保持勝績，不能說沒有幾分運氣。但是，對於懂得運用這些原理和原則來判斷公司，我還是相當自負的。相信各位投資人只要靈活運用我所提的「NAOKO 原則」，理財投資一定能夠如魚得水。

後記
投資或加入那些「能讓生活更美好」的公司

其實有不少人對於「投資」這兩個字的印象是負面的。我想各位身邊，一定就有人認為用錢賺錢是邪惡的事。

但是，投資能夠為世界帶來價值的企業，不只是支援這家公司，從長遠來看，其實也會讓我們的未來更美好。如果從這個觀點來看投資，就能正面解釋投資的意思。

二〇一七年二月，現場直播的電視節目《坎布里亞宮殿》（*Nikkei Special Cumbria Palace*）介紹 Rheos Capital Works 基金管理公司時，該節目主持人、同時也是名作家的村上龍，提到了這句話：「有時，投資和希望是同義詞。」

這句話把投資原本的意義融入，投資的意義其實就是讓未來更美好。

我認為我們公司負責管理的兩檔基金「Hifumi 投信」和「Hifumi Plus」，

就是要讓諸位投資人的未來更美好。我們透過買賣基金，把報酬給投資人，協助投資人追求和實現未來的夢想和希望，進而讓他們消除內心的不安，並獲得滿足感。就這層意義而言，基金這種商品就像是另外奉送的贈品。所以我們賣的是美好的未來，也就是希望。

在該節目中，有位女性來賓說她把用「Hifumi 投信」賺來的錢，當作子女的教育基金。看了這段內容之後，有人即專程從遙遠的北海道北見市，搭飛機到札幌參加講座，她是農家婦女，家中栽種洋蔥、有三個小孩。我想，從未想過要投資的她，之所以會對「Hifumi 投信」感興趣，應該也是認同了「投資可以讓未來更美好」這句話。

我希望今後還能繼續為投資大眾，提供其他能讓未來更美好的基金。感謝村上龍說，「Hifumi 投信」是一檔值得信賴並充滿希望的基金。為了回報投資人的信賴，我們一定會好好做出成果。

今後，我們會加倍努力，讓投資人購買「Hifumi 投信」基金，就等同擁抱希望。

國家圖書館出版品預行編目（CIP）資料

比看財報更精準的選股指標：鑑識 6,500 位社長的基金經理人珍藏筆記，挑股票、跟老闆，公司有沒有前途？先看這些領先指標 / 藤野英人著；劉錦秀譯 . -- 二版 . -- 臺北市：大是文化有限公司 , 2022.06
288 面 ; 14.8×21 公分 . --（Biz；397）

ISBN 978-626-7123-43-0（平裝）

1.CST: 企業管理 2.CST: 經營分析
3.CST: 日本

494　　　　111005639

Biz 397

比看財報更精準的選股指標

鑑識 6,500 位社長的基金經理人珍藏筆記，挑股票、跟老闆，公司有沒有前途？先看這些領先指標

（原版書名：提前看出好公司的非財務指標）

作　　者／藤野英人
譯　　者／劉錦秀
校對編輯／黃凱琪
美術編輯／林彥君
副 主 編／劉宗德
副總編輯／顏惠君
總 編 輯／吳依瑋
發 行 人／徐仲秋
會計助理／李秀娟
會　　計／許鳳雪
版權經理／郝麗珍
行銷企劃／徐千晴
業務助理／李秀蕙
業務專員／馬絮盈、留婉茹
業務經理／林裕安
總 經 理／陳絜吾

出 版 者　大是文化有限公司
臺北市 100 衡陽路 7 號 8 樓
編輯部電話：（02）23757911
購書相關諮詢請洽：（02）23757911 分機 122
24 小時讀者服務傳真：（02）23756999
讀者服務 E-mail：haom@ms28.hinet.net
郵政劃撥帳號　19983366　戶名／大是文化有限公司

法律顧問　永然聯合法律事務所
香港發行　豐達出版發行有限公司 Rich Publishing & Distribution Ltd
地址：香港柴灣永泰道 70 號柴灣工業城第 2 期 1805 室
Unit 1805, Ph. 2, Chai Wan Ind City, 70 Wing Tai Rd, Chai Wan, Hong Kong
電話：21726513　傳真：21724355
E-mail：cary@subseasy.com.hk

封面設計／林雯瑛
內頁排版／陳相蓉
印　　刷／緯峰印刷股份有限公司
出版日期／ 2022 年 6 月二版
定　　價／ 390 元（缺頁或裝訂錯誤的書，請寄回更換）
I S B N ／ 978-626-7123-43-0
電子書 I S B N ／ 9786267123447（PDF）
9786267123454（EPUB）

Printed in Taiwan